高职高专计算机教学改革 新体系 规划教材

Java高级编程
项目化教程

林萍 主 编

朱亚兴 朱婵 巫宇 副主编

清华大学出版社
北 京

内 容 简 介

本书以培养学生的实际动手能力为中心目标,以职业素质为突破点,以实用技能为核心,以案例为驱动,以讲练结合为训练思路,首先讲解面向对象的三大特性及其应用;然后讲解异常、集合类、I/O读写;最后讲解多线程技术。通过学习本书,程序员在编程过程中能够逐渐精通面向对象和业务知识,最终成为架构师。

本书适合有一定编程基础的读者,可作为高职高专计算机相关专业高年级学生的 Java 课程强化教材。

图书在版编目(CIP)数据

Java 高级编程项目化教程/林萍主编.--北京:清华大学出版社,2015 (2018.1重印)

高职高专计算机教学改革新体系规划教材

ISBN 978-7-302-38287-4

Ⅰ. ①J… Ⅱ. ①林… Ⅲ. ①JAVA 语言－程序设计－高等职业教育－教材　Ⅳ. ①TP312

中国版本图书馆 CIP 数据核字(2014)第 231640 号

责任编辑:孟毅新
封面设计:傅瑞学
责任校对:袁　芳
责任印制:刘祎菻

出版发行:清华大学出版社
　　　　网　　　址:http://www.tup.com.cn,http://www.wqbook.com
　　　　地　　　址:北京清华大学学研大厦 A 座　　　　邮　　编:100084
　　　　社 总 机:010-62770175　　　　　　　　　　邮　　购:010-62786544
　　　　投稿与读者服务:010-62776969,c-service@tup.tsinghua.edu.cn
　　　　质 量 反 馈:010-62772015,zhiliang@tup.tsinghua.edu.cn
　　　　课 件 下 载:http://www.tup.com.cn,010-62795764
印 刷 者:北京富博印刷有限公司
装 订 者:北京市密云县京文制本装订厂
经　　销:全国新华书店
开　　本:185mm×260mm　　　　印　张:14　　　　字　　数:321千字
版　　次:2015 年 2 月第 1 版　　　　　　　　　　印　　次:2018 年 1 月第 3 次印刷
印　　数:3501～4300
定　　价:32.00 元

产品编号:061994-01

前言

面向对象一直是计算机界关心的重点,从 20 世纪 90 年代开始,它已成为主流的软件开发方法。现代企业级的应用系统业务复杂而繁多,代码量庞大,需要分析师、架构师、程序员、测试人员等合作完成。其中,架构师使用面向对象的方式设计系统所需要的类和接口。这些类和接口被分配到各个程序员,因此,理解和实现这些类和接口就成为程序员的主要工作。程序员在编程过程中逐渐精通面向对象和业务知识后,最终才可以成为架构师。

阅读本书之前最好有一门计算机语言基础,这有助于快速深入 Java 高级编程的世界。在本书中,读者将学到以下几个方面的内容。

第一部分(第 1~5 章):讲解 Java 面向对象的核心内容,包括抽象和封装、继承、多态、抽象类和抽象方法、接口等,并用一个学生/教师信息系统贯穿整个部分,以使读者充分理解面向对象思想以及类与类之间的各种关系。

第二部分(第 6~10 章):讲解 Java 中非常重要的知识,包括异常、输入/输出、集合、图形用户界面和多线程。异常处理机制使程序中的业务代码与异常处理代码分离,从而使代码更加简洁。输入/输出实现对文件的读写操作。集合弥补了数组的缺陷,更灵活更实用,可以大大提高软件的开发效率。图形用户界面使人机交互更加容易、方便,使用它可以直观地查看软件的功能。多线程使程序不再是顺序流程执行,而是让 CPU 分配时间来执行。这几个单元采用了一个点名器案例来贯穿讲解,整个案例简单有趣,能很好地融会贯通这些知识,从而增强了本书的趣味性。

本书以培养学生的实际动手能力为中心目标,以职业素质为突破点,以实用技能为核心,以案例为驱动,以讲练结合为训练思路。

本书每章围绕要完成的任务所需解决的问题导出对应的学习内容和知识点,然后讲解必要内容及解决问题的过程和步骤,再通过适当题材的练习巩固、强化所学知识,即实现“教、学、做”一体化。因此,使用本书作为教材时,最好采用适于“教、学、做”一体化的多媒体实训室或机房进行教学,效果会更好,最终达到“学用结合,以用为本,学以致用”的教学目的。

本书每章的“上机练习”可以巩固所学基础知识,也能够逐步培养学生的综合能力。每章的练习循序渐进,10 章的综合实战结束后,也恰好完成了一个小型项目“点名器”,让同学们体会到 Java 编程的乐趣和成就感。这个点名器也可以在一开始上课时就使用,它将大大地提高学生对 Java 的学习兴趣,这也是本书的一个特色。

本书不仅面向在校学生,也紧密联系企业实践。编者邀请有经验的企业一线 Java 程序员和相关项目经理参与教材的编撰,他们对教材案例的选取和知识点的遴选给了很好的建议与意见,充分体现了以实用技能为核心的思路。

本书的内容按 80/20 原则来取舍:书中选取的企业中使用频率很高的 20% 的内容要求花读者 80% 的精力去学好;而使用频率较低的 80% 的内容只要求读者花 20% 的精力去了解,真正践行"好钢用在刀刃上"和"抓主要矛盾"的理念。

本书通过简单有趣的案例使学生轻松掌握相关的知识点,使枯燥的知识学习过程变得简单化、趣味化。书中各个知识点环环相扣,连接紧密;各章知识循序渐进,由浅入深,体系合理,10 章的内容完整地为后续的课程打好了基础。

本书由林萍主编,负责全书的统稿工作。林萍编写第 1、2、8、9、10 章;朱亚兴编写第 3 章;朱婵编写第 4、6、7 章;企业副董事长巫宇编写第 5 章,并对全书的实例和知识点的选择给出建议。另外,企业工程师范运标、唐月、谭月爱和刘平也对本书的编写提出了很好的建议,在此对所有给予本书支持、帮助的同人致以深深的谢意!

本书有配套的课程资源网站和项目资源库网站,网址分别如下。

http://61.145.231.44:8080/skills/solver/classView.do?classKey=6283824

http://61.145.231.44:8080/skills/solver/classView.do?classKey=7123323

由于编者水平有限,书中难免有不足之处,欢迎各位读者与专家批评、指正。

编　者

2015 年 1 月

目 录

CONTENTS

第 1 章

Java 面向对象语言基础

Java 的简单首先体现在精简的系统上，力图用最小的系统实现足够多的功能；对硬件的要求不高，在小型的计算机上便可以良好地运行。和所有新一代的程序设计语言一样，Java 也采用了面向对象技术并更加彻底，所有的 Java 程序均是对象，封装性实现了模块化和信息隐藏，继承性实现了代码的复用，用户可以建立自己的类库。而且 Java 采用的是相对简单的面向对象技术，去掉了运算符重载、多继承的复杂概念，而采用了单一继承、类强制转换、多线程、引用（非指针）等方式。无用内存自动回收机制也使得程序员不必费心管理内存，使程序设计更加简单，同时大大减少了出错的可能。Java 语言采用了 C 语言中的大部分语法，熟悉 C 语言的程序员会发现 Java 语言在语法上与 C 语言极其相似。

本章首先简要介绍 Java 的类和对象，然后介绍 Java 的方法开发，最后介绍 Java 中的数组和 Java 编程规范。

技能目标

理解类和对象的概念。

理解方法。

理解数组。

1.1 一切事物皆对象

任务描述

如何把"学生"用 Java 语言描述出来并输出学生信息？

任务分析

Java 把一切事物都当做对象，类是所有对象中属性和方法的抽象，对象是类的实例化。

相关知识与实施步骤

1. 类

一说到面向对象程序设计,人们首先想到的概念就是类和对象,那么什么是类,什么是对象呢? 面向对象的第一个原则是把数据和对该数据的操作都封装在一个类中,在程序设计时要考虑多个对象及其相互间的关系。

Java 类的定义必须用到关键字 class。Java 类的组成比较简单,一般包括属性和方法,属性就是一些保持不变的东西,方法一般是指动作。例如,学生可以看作一个类,那么学生类可以有一些基本标识,比如学号、姓名、性别、年龄等,这些内容在 Java 面向对象编程中可以用属性来表示。属性也叫成员变量或者全局变量,就是直接隶属于类的变量。

```
//代码 1-1
public class Student {
    String id;
    String name;
    char gender;
    int age;
}
```

代码 1-1 定义了 4 个成员变量,也叫做类 Student 的属性。在生活中,对象一般除了有基本保持不变的静态属性外,还有自己的动作或者作用,这个动作或者作用在面向对象程序设计中用方法来表示。例如,学生可以学习、吃饭、睡觉等。如代码 1-2,在 Student 类中增加了一些学生的动作。

```
//代码 1-2
public class Student {
    String id;
    String name;
    char gender;
    int age;
    void study(){
        System.out.println(name+"正在学习 Java 进阶与提高!");
    }
    void eat(){
        System.out.println(name+"正在吃饭");
    }
}
```

这样,学生类才能比较准确地体现出活生生的"学生"模样。从代码 1-2 可以看出,Java 的类是由属性和方法组成的,属性和方法有机地组合在一起,才能真正完整地体现一个事物对象。代码 1-2 中定义了 4 个属性和 2 个方法,它们组合在一起使学生成为一个整体。也就是说,提到学生,就应该具有学号、姓名、性别、年龄这 4 个属性和学习、吃饭 2 个方法。类也是 Java 的一种数据类型,和基本数据类型的使用差不多,可以用来声明一个变量,然后使用这个变量。

注意：Java 的类是由属性和方法组成的，初学者很容易把语句也搞成类的组成部分。例如，经常有同学如下定义类。

```
//代码 1-3
public class Student {
    String id;
    String name;
    char gender;
    int age;
    System.out.println(name+"正在学习 Java 的类!");
                            //错误,这条语句不是属性定义,也不是方法,不符合 Java 语法规则
    void study(){
        System.out.println(name+"正在学习 Java 进阶与提高!");
    }
    void eat(){
        System.out.println(name+"正在吃饭");
    }
}
```

初学者很容易将一条输出语句直接定义在 Java 类下面，编译器直接就说这条语句错误，但是初学者经常搞不明白错误原因。这里强调一下，Java 类的组成非常简单，就是属性和方法，没有其他多余的东西，所以在发现有类似错误的时候，请检查是否有输出语句等内容直接放在类中了。

2. 对象

上面讲到，类定义完成后就是一种数据类型，和基本数据类型使用差不多，那么类到底该怎么使用呢？类的使用分两个步骤。①声明和初始化；②采用"."运算符调用属性和方法。

下面对这两个步骤逐一进行详细的介绍。

（1）声明和初始化

类的定义完成后，就可以用它来声明对象，这点和基本数据类型的声明差不多，比如，使用上面的 Student 类来声明一个具体的对象。

```
Student s1;          //类似于 int i;
s1=new Student();    //类似于 i=10;
```

上面第一行"Student s1;"表示 s1 是一个 Student 的对象；第二行接着给 s1 赋初值，给对象赋初值必须用到关键字 new。当然，定义和赋初值也可以在一行中完成。

```
Student s1=new Student();
```

（2）对象的使用

定义好对象之后，那么对象 s1 就具备了类 Student 中的 4 个属性和两个方法，通过"."运算符可以给属性赋值，也可以调用方法。

```
s1.name="张三";
```

```
s1.study();
```

当然,如果再定义一个对象 s2,s2 也具有 4 个属性和两个方法。

```
Student s2=new Student();
s2.name="李四";
s2.study();
```

s1 和 s2 在内存中是两个不同的存储单元。同基本数据类型相比,s1 和 s2 属于引用数据类型,它们是指向某个内存单元的引用,不像基本数据类型是直接给这个内存取了个名字,两者的区别如图 1-1 所示。

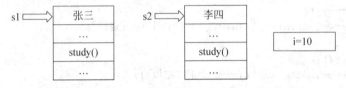

图 1-1 引用数据类型和基本数据类型在内存中的区别

对象 s1 和 s2 其实是指向内存空间单元的一个引用,这就好比内存是电视机,s1 和 s2 就是电视机遥控器,通过遥控器来给内存单元赋值和调用内存单元中的方法。如果使用以下语句给对象赋值,就会造成无用内存。

```
s2 =s1;
```

那么刚刚 s2 的内存单元就会成为无用的空间,需要 Java 垃圾回收机制来回收。采用上面赋值后,它们的关系如图 1-2 所示。

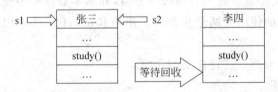

图 1-2 s1 和 s2 对象指向同一个空间单元,另一个空间单元等待回收

读者一定要明白对象在内存中的分配和存储,在用对象给对象赋值后,一定要搞清楚内存单元的变化。弄懂了内存单元的变化,很多对象引用的问题就迎刃而解了。

1.2 方法的声明与使用

任务描述

(1) 类设计好之后,应该如何使用它? 程序从哪里开始执行?

(2) 学生对象属性赋值后,请输出学生信息。

(3) 从键盘上录入学生 3 门课的成绩,计算平均成绩并输出。

任务分析

从某种意义上讲,写程序就是在写方法,方法设计是否合理恰当,直接关系到整个项目的运行等。Java 程序的入口是 main()方法,这是程序的起点,所以要单独列出讲解。另外,Java 中的方法从参数角度分,可以分为无参数方法和有参数方法。下面分别介绍它们。

相关知识与实施步骤

1. main()方法

在 Java 中,程序都是以类的方式组织的,Java 源文件都保存在以.java 为后缀的文件当中。每个可运行的程序都是一个类文件,或者称之为字节码文件,保存在.class 文件中。而作为一个 Java Application 程序,类中必须包含主方法,程序的执行从 main()方法开始,方法头的格式是确定不变的。

```
public static void main(String args[])
```

其中关键字 public 意味着方法可以由外部世界调用。main()方法的参数是一个字符串数组 args,虽然在以下程序中没有用到,但是必须列出来。如代码 1-4 所示。

```
//代码 1-4
public class Test {
    public static void main(String[] args) {
        Student s1=new Student();
        s1.id="20123101";
        s1.name="张三";
        s1.gender='男';
        s1.age=20;
        s1.study();
        s1.eat();
        Student s2=new Student();
        s2.id="20123102";
        s2.name="李四";
        s2.gender='男';
        s2.age=21;
        s2.study();
        s2.eat();
    }
}
```

有了 main()方法就可以运行了,运行并输出结果以下。

```
张三正在学习 Java 高级!
张三正在吃饭
李四正在学习 Java 高级!
李四正在吃饭
```

在类 Test 中,定义了 main()方法,main()方法由 4 部分组成,缺一不可。然后是方法主体,第一条是产生一个 Student 类的对象 s1,接着用对象名访问对象的属性,给属性赋值,比如"s1. name = "张三";",再调用对象的方法,比如"s1. study();";然后又产生了对象 s2,通过同样方式赋值并调用方法。

从代码 1-4 中,可以了解到 main()方法是整个程序的入口,main()方法中可以方便地使用 Student 类,Student 类作为一个整体具有自己的属性和方法,声明类对象后,对象就具有类中的所有属性和方法,并且可以给对象中的属性赋自己的值。

2. 无参方法

设计一个方法,这个方法可以让学生自我介绍,然后直接输出学生的属性信息,如代码 1-5 所示。

```
//代码 1-5
public class Student {
    String id;
    String name;
    char gender;
    int age;

    void study(){
        System.out.println(name+"正在学习 Java 高级!");
    }
    void eat(){
        System.out.println(name+"正在吃饭");
    }
    public String toString(){
        return "我是"+name +",我的学号是: "+id+",我是"+gender+"生,我今年"+age+
        "岁了!";
    }
}
```

上面代码在 Student 类中多增加了一个 toString()方法,方法返回学生的自我介绍信息。修改代码 1-4,在 main()方法中增加一条输出信息,并在输出语句中调用 toString()方法,如代码 1-6 所示。

```
//代码 1-6
public class Test {
    public static void main(String[] args) {
        Student s1=new Student();
        s1.id="20123101";
        s1.name="张三";
        s1.gender='男';
        s1.age=20;
        s1.study();
        s1.eat();
        System.out.println(s1.toString());
```

```
        }
    }
```

运行代码,输出如下结果。

张三正在学习 Java 高级!
张三正在吃饭
我是张三,我的学号是:20123101,我是男生,我今年 20 岁了!

从上面代码看出,Java 无参方法比较简单,其定义语法如下。

```
public 返回值类型 方法名()  {
     //这里编写方法的主体
}
```

其中方法名的命名一定要符合 Java 命名规则,Java 的属性和方法命名规则如下。

(1) 命名都采用驼峰式的命名,类名以大写字母开头,方法名、属性名都以小写字母开头,后面是字母数字或者下划线字符串。

(2) 命名要有一定的意义,最好看到名称就知其用处。

方法的返回值分以下两种情况。

(1) 如果方法具有返回值,方法中必须使用关键字 return 返回该值,返回类型为该返回值的类型,如代码 1-5 中的 toString()方法,返回值类型是 String,所以必须用 return 语句返回一个 String 类型的值。

(2) 如果方法没有返回值,返回类型为 void,代码 1-5 中 study()方法和 eat()方法就是这种情况。

方法的调用也分为两种情况。

(1) 类内部互相调用,可以直接写方法名。假设 eat()方法中调用 study()方法,代码如下。

```
void eat(){
    study();      //直接调用即可
    System.out.println(name+"正在吃饭");
}
```

(2) 类外面调用,如上面示例中,在类 Test 中调用 Student 类的方法,必须通过 Student 类的对象才能调用。

```
public static void main(String[] args) {
    Student s1=new Student();
    s1.study(); //必须通过对象才能调用
    s1.eat();
    System.out.println(s1.toString());
}
```

无参方法相对来说比较简单,在设计无参方法时只须考虑是否有返回值即可,调用的时候根据是否有返回值来决定是单独一行还是作为一个表达式。上面的"s1.eat();"调用就是单独成行,像 eat()方法这样无参无返回值的只能这样调用。"System.out.println (s1. toString());"语句中,就是把 s1. toString()方法的调用结果给另一个方法(println()方法)做参数。

提示:凡是在类中通过 public String toString()的方式定义的 toString()方法不需要显示调用,也就是说下面两条语句效果相同。

```
System.out.println(s1.toString());
System.out.println(s1);
```

3. 带参数的方法

在 StudentScore 类中,设计一个方法,这个方法的功能是计算学生 3 门课程的平均成绩。

```
//代码 1-7
public class StudentScore {
    public float calcAvg(int scoreJava,int scoreSQL,int scoreEnglish){
        return (scoreJava+scoreSQL+scoreEnglish)/3.0f;
    }
    public static void main(String[] args) {
        StudentScore ss=new StudentScore();
        System.out.println(ss.calcAvg(94,64,78));
    }
}
```

运行代码,输出结果如下。

```
78.666664
```

方法 calcAvg()是一个带有 3 个整型参数的方法,目的是计算这 3 门课程的平均成绩并返回,在 main()方法中,ss. calcAvg(94,64,78)调用方法的时候,就会把 94 赋值给参数 scoreJava,64 赋值给参数 scoreSQL,78 赋值给参数 scoreEnglish,计算完成后把结果作为 println()方法的参数,并最后输出。

带参数的方法也并不复杂,关键是要在设计的时候确定带几个参数,什么类型的参数。带参数的方法比较难以理解和掌握的是参数的类型问题,即参数是基本数据类型还是引用数据类型,这两种类型会导致处理结果不同。

```
//代码 1-8
class A{
    int a;
    int b;
}

public class TestParam {
    public void exchange(int x, int y){
        System.out.println("交换前: x="+x+",y="+y);
        int temp=x;
        x=y;
```

```
        y=temp;
        System.out.println("交换后：x="+x+",y="+y);
    }
    public void exchange(A a){
        System.out.println("交换前：a.a="+a.a+",a.b="+a.b );
        int temp=a.a;
        a.a=a.b;
        a.b=temp;
        System.out.println("交换后：a.a="+a.a+",a.b="+a.b );
    }

    public static void main(String[] args) {
        A a=new A();
        a.a=1;
        a.b=2;
        TestParam tp=new TestParam();
        int x =5;
        int y=10;
        System.out.println("在 main()方法中,交换前：x="+x+",y="+y);
        tp.exchange(x, y);
        System.out.println("在 main()方法中,交换后：x="+x+",y="+y);

        System.out.println("\n\n 在 main()方法中,交换前：a.a="+a.a+",a.b="+a.b);
        tp.exchange(a);
        System.out.println("在 main()方法中,交换后：a.a="+a.a+",a.b="+a.b);
    }
}
```

运行代码,结果输出如下。

```
1: 在 main()方法中,交换前：x=5,y=10
2: 交换前：x=5,y=10
4: 交换后：x=10,y=5
5: 在 main()方法中,交换后：x=5,y=10


6: 在 main()方法中,交换前：a.a=1,a.b=2
7: 交换前：a.a=1,a.b=2
8: 交换后：a.a=2,a.b=1
9: 在 main()方法中,交换后：a.a=2,a.b=1
```

上面的输出结果中,从第5行和第9行就能看出参数是基本数据类型和引用数据类型的区别。

（1）exchange(int x, int y)带有两个整型参数,整型参数在传递数据的时候是值传递,也就是 main 方法中 x,y 的值传给了 exchange 中的 x 和 y,在方法里面交换后,不影响 main()方法中 x,y 的值。因此在 main 方法中,x 和 y 的值始终保持不变。

（2）exchange(A a)带有一个引用数据类型,类 A 的对象参数,当 main()方法中的 a 传给 exchange 中的 a 时,实际上传递的是对象 a 的地址值,也就是前面提到的"遥控器",

遥控器指挥两个数据在方法中交换了,回到 main()方法中的时候,这两个数据仍然处于交换状态,所以第 6 行和第 9 行输出的结果是交换完成的数据。

1.3 数 组

任务描述

循环随机产生 10 位同学的成绩,进行升序排列后输出结果。

任务分析

每个班的学生人数都比较多,用什么来存储这些学生的信息呢? 数组是专门用来存储和处理多个相同数据类型的数据,如果学生人数比较多,比如 10 个,不可能定义 10 个变量来一个一个操作,这样实施起来也不方便,所以一般使用数组来定义和存储。

相关知识与实施步骤

数组的定义和使用

Java 语言中,数组是一种最简单的引用数据类型。数组是有序数据的集合,数组中的每个元素具有相同的数据类型,可以用一个统一的数组名和下标来唯一地确定数组中的元素。数组有一维数组和多维数组。

(1)一维数组的定义

```
type arrayName[];
```

类型(type)可以为 Java 中任意的数据类型,包括简单类型和复合类型。例如:

```
int intArray[] ;
Student[] students;
```

(2)一维数组的初始化
静态初始化如下。

```
int intArray[]={1,2,3,4};
String stringArray[]={"abc", "How", "you"};
Student[] students={new Student(),new Student(),new Student()}
```

动态初始化包括简单类型的数组和复合类型的数组。
① 简单类型的数组。

```
int intArray[];
intArray=new int[5];
```

② 复合类型的数组。

```
String stringArray[];
```

```
String stringArray=new String[3];    //为数组中元素开辟引用空间(32位)
stringArray[0]=new String("How");    //为第一个数组元素开辟空间
stringArray[1]=new String("are");    //为第二个数组元素开辟空间
stringArray[2]=new String("you");    //为第三个数组元素开辟空间

Student[] students=new Student[2];   //为数组中每个元素开辟空间
students[0]=new Student();           //为第一个数组元素开辟空间
students[1]=new Student();           //为第二个数组元素开辟空间
```

（3）一维数组元素的引用

数组元素的引用方式如下。

```
arrayName[index]
```

index 为数组下标，它可以为整型常数或表达式，下标从 0 开始。每个数组都有一个属性 length 指明它的长度，例如，intArray.length 指明数组 intArray 的长度。

（4）处理数据

产生 10 个 0～100 的随机数，然后排序并输出，如代码 1-9 所示。

```
//代码 1-9
public class TestArray {
    public static void main(String[] args) {
        int[] scores=new int[10];
        System.out.print("10 个学生的成绩为: ");
        for(int i=0; i <scores.length; i++){
            //产生 0~100 之间的数据
            scores[i] = (int) (Math.random() * 101);
            System.out.print(scores[i]+"\t");
        }

        //排序
        for(int i=0; i <scores.length; i++){
            for(int j=0; j <scores.length-i-1; j++){
                if(scores[j] <scores[j+1]){
                    int temp=scores[j];
                    scores[j]=scores[j+1];
                    scores[j+1]=temp;
                }
            }
        }
        System.out.print("\n 降序排列后: ");
        //使用增强型的 for 循环输出
        for(int i : scores){
            System.out.print(i+"\t");
        }
    }
}
```

运行代码,某次输出结果如下。

10个学生的成绩为:100　82　29　51　40　39　72　76　31　59
降序排列后:　　　100　82　76　72　59　51　40　39　31　29

代码1-9是数组比较常见的操作,数组的定义先使用关键字new开辟内存空间;然后再通过循环一个个赋值和输出;接着用了类似冒泡排序的方式给数组排序;最后用了增强型的for循环输出结果。

在使用数组的时候,一定要注意下标索引的范围,是从0开始到数组长度－1。Java是非常安全的一种语言,数组在使用的时候会检查下标值,如果范围不对就会出错,所以千万要注意。

1.4　Java代码规范

任务描述

为了程序阅读和交流方便,适当的注释是必不可少的,因此需要给代码添加注释。另外,很多企业反馈刚毕业的学生写的代码没法看,命名不规范,代码无缩进等,所以一般在做项目之前,都会有个代码规范要求,这就是Java代码规范。

任务分析

为了便于理解代码,程序员需要给代码做一些必要的注释。另外,关于代码规范Java有自己的一套标准,不同的企业对代码规范又有进一步要求,本书只对一般的Java代码规范做一个简要的说明。

相关知识与实施步骤

1. Java注释

编码中的注释必不可少,注释能够方便编程人员之间的沟通和交流,编译器遇到注释会自动跳过。Java注释分3种。

(1)单行注释:从"//"开始到本行结束的内容都是注释,例如:

```
//这是一行单行注释
//这是另一行单行注释
```

(2)多行注释:在"/ *"和" */"之间的所有内容都是注释,例如:

```
/ *这是一段注释分布在多行之中 * /
```

(3)文档注释:在注释方面Java提供一种C/C++所不具有的文档注释方式。其核心思想是当程序员编完程序以后,可以通过JDK提供的Javadoc命令,生成所编程序的

API 文档,而该文档中的内容主要就是从文档注释中提取的。该 API 文档以 HTML 文件的形式出现,与 Java 帮助文档的风格与形式完全一致。凡是在"/∗∗"和"∗/"之间的内容都是文档注释。

```
//代码 1-10
/** @author lin
 * @version 1.0
 * @这是一个文档注释的例子,主要介绍下面这个类
 **/
public class DocTest{

    /** @变量注释,下面这个变量主要是充当整数计数 */
    public int i; //单行注释

    /** @方法注释,下面这个方法的主要功能是计数 */
    public void count() {
        /*
         * 多行注释
         */
    }
}
```

在 Eclipse 界面中选择 Project→Generate Javadoc 命令,如图 1-3 所示,弹出 Generate Javadoc 对话框,如图 1-4 所示。

图 1-3　Generate Javadoc 命令

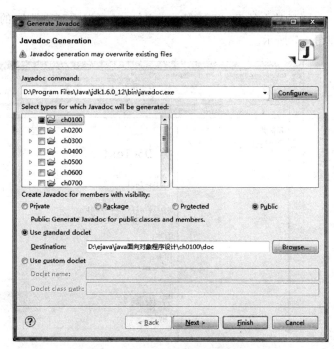

图 1-4　Generate Javadoc 对话框(一)

单击 Next 按钮，对话框如图 1-5 所示。

单击 Finish 按钮，就会生成注释文档，如图 1-6 所示。

图 1-5　Generate Javadoc 对话框(二)　　　　　　　图 1-6　注释文档

打开其中的 DocTest. html 文件，就可以看到刚刚写的文档注释都生成了用户文档，如图 1-7 所示。

图 1-7　最终的文档

2. Java 代码规范

养成良好的习惯是成功的开始,程序员书写的代码一定要符合行业习惯,否则代码的阅读和执行都会受到影响。针对这种情况,在一开始学习编程开发时就应该遵循 Java 的代码规范。

(1) 缩进。缩进不要用空格来缩进,要按 Tab 键,保持对齐。有包含关系的一定要有缩进,类包含属性和方法,方法里面又有语句等,条件包含关系、循环包含关系都要有缩进。

(2) {}。在 Java 中大括号都是成对出现的,左大括号都统一在行的结尾,右大括号另起一行,这对括号不要出现在一行上。例如:

```
if ( x==0){
    ...
}
```

也不能写在一行,例如:

```
if( x==0){...}//不规范的写法
```

(3) 方法命名规则。

方法名应是一个动词或动名词结构,采用大小写混合的方式,其中第一个单词的首字母用小写,其后单词的首字母大写。例如:

```
getBmList();
```

每个方法前必须加以说明,包括参数说明、返回值说明、异常说明。如果方法名实在太长,可以对变量名进行缩写,但是必须添加相应的说明。

(4) 变量命名规则。

变量命名一般采用大小写混合的方式,第一个单词的首字母小写,其后单词的首字母大写,变量名一般不要用下划线或美元符号开头。变量名应简短且有意义,即能够指出其用途。除非是一次性的临时变量,应尽量避免单个字符的变量名。

① 类的实例对象的定义方式如下。

```
Student student;
```

② 同一个类的多个对象可以采用以下定义方式。

```
Student student1;
Student student2;
```

③ 如果变量名实在太长,可以对变量名进行缩写,但是必须在类说明或方法说明部分(视缩写的范围而定)进行说明。

④ 数组的声明要用 int[] packets 的形式,而不要用 int packets[] 的形式。

本 章 小 结

　　Java 语言面向对象编程的思路认为程序都是对象的组合,因此要克服面向过程编程的思路,直接按照对象和类的思想去组织程序,面向对象所具有的封装性、继承性、多态性等特点使其具有强大的生命力。面向对象编程人员大体可以分为两种：类创建者和应用程序员,应用程序员是类的使用者,所以对程序的可读性和 API 帮助文档就有要求,Java 语言本身有一套约定成俗的编程规范,同时程序员首先要学会阅读系统 API 帮助文档,还要学会生成自己编写的程序的 API 帮助文档。

上机练习 1

　　1. 猜数小游戏。

　　需求说明：随机生成一个 0～99(包括 0 和 99)的数字,从控制台输入猜测的数字,输出提示太大还是太小,继续猜测,直到猜中为止,游戏过程中,记录猜对所需的次数,游戏结束后公布结果。程序运行结果如图 1-8 所示。猜测次数与游戏结果对照见表 1-1。

表 1-1　猜测次数与游戏结果对照表

次　　数	结　　果	次　　数	结　　果
1	你太聪明了!	大于等于 6	要努力啊!
2～5	不错,再接再厉!		

　　提示：产生 0～99 之间的随机数字的代码如下。

```
int number = (int)(Math.random() * 100);
```

　　要求：代码规范,有注释,能正确运行出结果,.Java 源文件打包后,以自己名字命名提交。

　　提示：从控制台读入数据用 Scanner 类的代码如下。

```
Scanner input=new Scanner(System.in);
int i=input.next();
```

　　2. 用 * 打印图案。

　　需求说明：让用户输入奇数行数,然后打印菱形,如图 1-9 所示。

　　3. 输入输出学生信息。

　　需求说明：定义一个 Student 类,包括姓名和成绩两个属性,在 main()方法中定义一个长度为 5 的 Student 类数组,从控制台循环输入学生姓名和成绩,然后输出在控制台上,如图 1-10 所示。

　　4. 按照成绩降序排列并输出。

　　需求说明：在第 3 题的基础上将学生的成绩按照降序排列并输出,如图 1-11 所示。

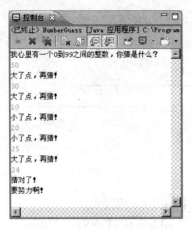

图1-8　猜数游戏运行结果

图1-9　输出菱形

图1-10　5个学生的信息录入

图1-11　将学生成绩按照降序排列并输出

提示：根据 students[j].score 进行排序，交换的是整个 Student 类对象，而不是 students[j].score 的值。

习　题　1

一、填空题

1. 在一个类中，用_____表示状态，用_____表示行为。

2. 表达式(－100％3)的值是_____。

3. 定义一个10个长度的整型数组：_____,那么获得数组长度的表达式为：_____。

4. main()方法的声明部分必须是：_____。

5. Java 的注释有_____、_____、

_____。

二、选择题

1. 下面语句正确的是(　　)。(选一项)

   A. char＝'abc';   B. long l＝oxfff;

   C. float f＝0.23;   D. double＝0.7E－3;

2. 以下程序测试 String 类的各种构造方法,其运行效果是(　　)。(选一项)

```
class STR{
    public static void main(String args[]){
        String s1=new String();
        String s2=new String("String 2");
        char chars[]={'a',' ','s','t','r','i','n','g'};
        String s3=new String(chars);
        String s4=new String(chars,2,6);
        byte bytes[]={0,1,2,3,4,5,6,7,8,9};
        StringBuffer sb=new StringBuffer(s3);
        String s5=new String(sb);
        System.out.println("The String No.1 is "+s1);
        System.out.println("The String No.2 is "+s2);
        System.out.println("The String No.3 is "+s3);
        System.out.println("The String No.4 is "+s4);
        System.out.println("The String No.5 is "+s5);
    }
}
```

A. The String No. 1 is   B. The String No. 1 is
  The String No. 2 is String 2   The String No. 2 is String 2
  The String No. 3 is a string   The String No. 3 is a string
  The String No. 4 is string   The String No. 4 is string
  The String No. 5 is a string   The String No. 5 is a string

C. The String No. 1 is   D. 以上都不对
  The String No. 2 is String 2
  The String No. 3 is a string
  The String No. 4 is string
  The String No. 5 is a string

3. 下面语句段的输出结果是( )。(选一项)

```
int i=9;
switch (i) {
    default:
        System.out.println("default");
    case 0:
        System.out.println("zero");
        break;
    case 1:
        System.out.println("one");
    case 2:
        System.out.println("two"); }
```

    A. default

    B. default，zero

    C. error default clause not defined

    D. no output displayed

4. 下列声明错误的是( )。(选一项)

    A. int i = 10；

    B. float f = 1.1；

    C. double d = 34.4；

    D. long m = 4990；

5. 下列程序的执行结果是( )。(选一项)

```
public class Test {
public static void main(String [] args){
  System.out.println(""+'a'+1);
} }
```

    A. 98   B. a 1   C. 971   D. 197

6. 下列程序的执行结果是( )。(选一项)

```
public class Test {
    int x;
    public static void main(String [] args){
        Test t=new Test();
        t.x=5;
        change(t);
        System.out.println(t.x);
    }
    public static void change(Test t){
        t.x=3;
    }
}
```

    A. 5   B. 3   C. 编译出错   D. 以上答案都不对

7. 关于类与对象说法错误的是( )。(选一项)

    A. 类是模板；对象是产品

    B. 人是类；男人是对象

    C. 类是对某一事物的描述,是抽象的；对象是实际存在的该类事物的个体

D. 汽车设计图是类;制造的若干汽车是对象

8. 下面的语句( )能够正确地生成 5 个空字符串。（选两项）

   A. String a[]＝new String[5]; for(int i=0;i<5;a[++]="");

   B. String a[]＝{"","","","",""};

   C. String a[5];

   D. String[5]a;

   E. String []a＝new String[5]; for(int i=0;i<5;a[i++]＝null);

9. 下面的( )选项是下述程序的输出。（选 3 项）

```java
public class Outer{
    public static void main(String args[]){
        Outer: for(int i=0; i<3; i++)
        inner:for(int j=0;j<3;j++){
            if(j>1) break;
                System.out.println(j+"and"+i);
        }
    }
}
```

   A. 0 and 0   B. 0 and 1   C. 0 and 2   D. 0 and 3

   E. 2 and 2   F. 2 and 1   G. 2 and 0

10. 下面语句中,( )能正确地声明一个整型的二维数组。（选 3 项）

   A. int a[][] ＝ new int[][];

   B. int a[10][10] ＝ new int[][];

   C. int a[][] ＝ new int[10][10];

   D. int [][]a ＝ new int[10][10];

   E. int []a[] ＝ new int[10][10];

三、阅读程序题

1. 给出以下代码的运行结果。

```java
public class Test {
    public static void main(String[] args) {
        int num1=21;
        int num2=22;
        int num3=23;
        if(num1 <num2 || num2>num3){
            System.out.println(num2);
        }else{
            System.out.println(num1+num2+num3);
        }
    }
}
```

2. 下面代码的作用是交换数组的第一个元素和最后一个元素,请找出代码中的错误,并改正。

```java
public class Test {
    public static void main(String[] args) {
        int[] list=new int[]{86,12,35,48,7};
        int temp; //临时变量

        //交换数组第 1 个元素和最后 1 个元素
        list[0]=temp;
        temp=list[5];
        list[5]=list[0];
    }
}
```

四、编程题

编写一个程序,用选择法对数组 a[]={20,10,50,40,30,70,60,80,90,100}进行从大到小的排序。

第 2 章

抽象和封装

本章介绍面向对象编程的过程以及类图等，并结合具体的实例，介绍面向对象编程的过程。

纯粹的面向对象程序设计方法可以简单概括如下。

（1）所有的东西都是对象。可以将对象想象成一种新型变量，它保存着数据，而且还可以对自身数据进行操作。

（2）程序是一大堆对象的组合。通过消息传递，各对象知道自己应该做些什么。如果需要让对象做些事情，则须向该对象"发送一条消息"。具体来说，可以将消息想象成一个调用请求，它调用的是从属于目标对象的一个方法。

（3）每个对象都有自己的存储空间，可容纳其他对象，或者说通过封装现有的对象，可以产生新型对象。因此，尽管对象的概念非常简单，但是经过封装以后却可以在程序中达到任意高的复杂程度。

（4）每个对象都属于某个类。根据语法，每个对象都是某个"类"的一个"实例"。一个类最重要的特征就是"能将什么消息发给它"，也就是类本身有哪些操作。

📖 技能目标

学习面向对象设计的过程，从现实世界中抽象出类。

实现对现实世界的模拟。

对抽象出的类进行优化，通过封装隐藏内部信息。

2.1 使用面向对象进行设计

任务描述

用面向对象的方式设计和实现学校教师和学生信息管理系统中的信息录入功能。

（1）根据控制台提示，输入姓名。

（2）根据控制台提示，选择角色类型，有两种选择：教师和学生。

（3）如果类型选择教师，要选择教师教课的方向，有两种选择："Java 方向"或者".NET方向"。

（4）如果类型选择学生，要选择学生所在的年级："大一"、"大二"或者"大三"。

（5）在控制台打印出角色信息，包括姓名、年龄、性别、教课方向或者所在年级。

如何依据需求，使用面向对象思想来设计这个信息管理系统呢？

任务分析

面向对象设计的过程就是抽象的过程，可以分3步来完成。

第一步：发现类。

第二步：发现类的属性。

第三步：发现类的方法。

相关知识与实施步骤

1. 面向对象程序设计第一步——抽象出类

面向对象设计的过程就是抽象的过程，根据业务需求，关注与业务相关的属性和行为，忽略不必要的属性和行为，由现实世界中的"对象"抽象出软件开发中的"对象"。

接下来就按照发现类、发现类的属性和发现类的方法这几个步骤来完成设计。可以通过在需求中找出名词的方式确定类的属性，找出动词的方式确定方法，并根据需求实现业务的相关程度进行筛选。

第一步：发现类。

需求中的名词有控制台、学生、教师、姓名、教课方向、年级、性别、年龄。

根据仔细筛选，发现可以作为类的名词有学生、教师。本章要实现编辑角色信息功能，主要用到两个类：学生（Student）和教师（Teacher）。

第二步：发现类的属性。

需求中的动词主要有输入、选择、打印等。某些明显与设计无关、不重要的词语可以直接忽略。

通过仔细筛选，发现可作为属性的名词有姓名、性别、年龄、教课方向和年级，还有一些名词是作为属性值存在的，例如教课方向的属性值是Java方向和.NET方向，年级的属性值是：大一、大二及大三。

根据需求，定义学生类的属性有姓名（name）、年龄（age）、性别（gender）和年级（grade）。教师类的属性有姓名（name）、年龄（age）、性别（gender）和教课方向（majorField）。学生和教师的某些属性，例如高矮胖瘦等与业务需求无关，不予设置。

第三步：发现类的方法。

通过仔细筛选，发现类的方法主要是打印角色信息。教师和学生的方法主要就是打印出自己的信息，取名为print()。至于角色的其他行为，与业务需求无关，可不为其设定方法。

设计是一个逐步调整、完善的过程，类图是面向对象设计的"图纸"，使用"图纸"进行设计方便沟通和修改。以上的设计用类图来表示，如图2-1和图2-2所示。

类图用于分析和设计"类"。其优点是直观、容易理解。

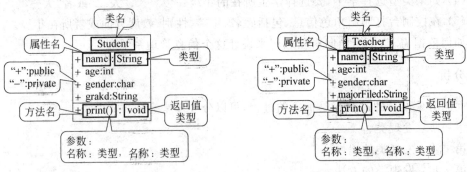

图 2-1   Student 类图   图 2-2   Teacher 类图

抽象时遵循的原则如下。

（1）首先找出与系统相关的类。

（2）属性、方法的设置是为了解决业务问题。

（3）关注主要属性、方法。

（4）如没有必要，无须增加额外的类、属性与方法。

2. 面向对象程序设计第二步——创建类和对象

根据上述类图，分别创建出学生类和教师类。

学生类代码如下。

```
//代码 2-1
public class Student {
    String name;
    int age;
    char gender;
    String grade;

    public void print() {
        System.out.println("我是"+name+",我的年龄是"+age+"岁,我的性别是"
                +gender+",目前我上"+grade);
    }
}
```

教师类代码如下。

```
//代码 2-2
public class Teacher {
    String name;
    int age;
    char gender;
    String majorField;

    public void print() {
        System.out.println("我是"+name+",我的年龄是"+age+"岁,我的性别是"
```

```
        +gender+",我的授课方向是"+majorField);
    }
}
```

最后,通过创建测试类来录入学生或教师信息,录入的步骤如下。

(1) 根据控制台提示输入角色的类型、姓名等内容。

(2) 根据输入内容创建相应的角色对象。

(3) 打印出角色信息表,信息录入成功。

代码如下。

```
//代码 2-3
import java.util.Scanner;

public class Test {
    public static void main(String[] args) {
        Scanner input=new Scanner(System.in);
        System.out.println("欢迎访问本校教师学生信息录入系统!");
        //1.输入姓名
        System.out.print("请输入要录入的姓名: ");
        String name=input.next();
        //2.选择角色类型
        System.out.print("请选择要录入的角色: (1.教师 2.学生)");
        switch (input.nextInt()) {
        case 1:
            //2.1 如果是教师
            //2.1.1 选择教师授课方向
            System.out.print("请选择教师的授课方向:(1.Java 方向" +
                " 2. .NET 方向)");
            String majorField=null;
            if (input.nextInt()==1) {
                majorField="Java 方向";
            } else {
                majorField=".NET 方向";
            }
            //2.1.2 创建教师对象并赋值
            Teacher teacher=new Teacher();
            teacher.name=name;
            teacher.majorField=majorField;
            //2.1.3 输出教师信息
            teacher.print();
            break;
        case 2:
            //2.2 如果是学生
            //2.2.1 选择学生性别
            System.out.print("请选择学生的年级: (1.大一  2.大二  3.大三)");
            String grade=null;
            int gradeInt=input.nextInt();
            if (gradeInt==1)
                grade="大一";
```

```
        else if(gradeInt==2){
            grade="大二";
        }else{
            grade="大三";
        }
        //2.2.2 创建学生对象并赋值
        Student student=new Student();
        student.name=name;
        student.grade=grade;
        //2.2.3 输出学生信息
        student.print();
        }
    }
}
```

运行结果如图 2-3 和图 2-4 所示。

图 2-3   选择教师的运行结果

图 2-4   选择学生的运行结果

从代码 2-3 中可以看到 Java 中对象的创建和成员的调用方法,对象的创建通过关键字 new 实现,属性和方法通过“.”运算符调用,有以下 3 种方式。

(1)通过构造方法来创建对象,如“Teacher teacher ＝ new Teacher();”。

(2)通过对象名.属性名的方式调用属性,如“teacher.name＝"李林";”。

(3)通过对象名.方法名的方式调用方法,如“teacher.print();”。

类(Class)和对象(Object)是面向对象中的两个核心概念。类是对某一类事物的描述,是抽象的、概念上的定义。对象是实际存在的该事物的个体,是具体的、现实的。类和对象就好比模具和铸件的关系、建筑物图纸和建筑物实物的关系。可以由一个类创建多个对象。

代码 2-1 是一个 Student 类的代码,代码 2-2 是一个 Teacher 类的代码。但是如果要实现本例的需求,只有类是不行的,还需要创建对应类的实例,也就是对象。在代码 2-3

中根据输入的数据创建了对应的角色对象并输出角色信息。

　　提示：类名、属性名、方法名以及常量名的命名规范如下。

　　类名由一个或几个单词组成，每个单词的第一个字母大写，如 Teacher、StringBuffer。

　　属性名和方法名由一个或几个单词组成，第一个单词首字母小写，其他单词首字母大写，例如 name、majorField、println()、getMessage()。

2.2　使用构造方法初始化属性

任务描述

　　从代码 2-3 的输出结果可以看到，年龄和性别属性没有赋值，所以这两个值的输出结果被赋予了系统默认值 0 和"_"，属性的赋值是否只能通过以下语句完成？

```
Teacher teacher=new Teacher();
teacher.name=name;
teacher.majorField=majorField;
```

　　对每个对象的属性都用上述方法一一赋值会非常枯燥，那么是否可以在创建类的时候就给这些属性赋初值呢？

任务分析

　　为了简单起见，可以在创建对象的时候给所有属性赋值。通过自己编写构造方法，在创建对象的时候就可以给属性赋初值。

相关知识与实施步骤

　　1. 构造方法的定义和作用

　　构造方法也称为构造方法，用来对对象进行初始化，因此一个类必须有一个构造方法，否则无法创建对象。构造方法的特点如下。

　　（1）构造方法的名称必须与类名相同。

　　（2）构造方法没有返回类型。

　　通过以上分析，可以为 Teacher 增加一个构造方法（斜体字部分为增加代码），用来初始化部分或全部属性。

```
//代码 2-4
public class Teacher {
    String name;
    int age;
    char gender;
    String majorField;
    public Teacher(int a,char g){
        age=a;
        gender=g;
```

```
        }
        public void print() {
            System.out.println("我是"+name+",我的年龄是"+age+"岁,我的性别是"+gender
                    +",我的授课方向是"+majorField);
        }
    }
```

再将代码 2-3 中的"Teacher teacher ＝ new Teacher();"修改为"Teacher teacher ＝ new Teacher(30,'男');",代码如下。

```
//代码 2-5
import Java.util.Scanner;

public class Test {
    public static void main(String[] args) {
        Scanner input=new Scanner(System.in);
        System.out.println("欢迎访问本校教师学生信息录入系统!");
        //1.输入姓名
        System.out.print("请输入要录入的姓名:");
        String name=input.next();
        //2.选择角色类型
        System.out.print("请选择要录入的角色:(1.教师 2.学生)");
        switch (input.nextInt()) {
        case 1:
            //2.1 如果是教师
            //2.1.1 选择教师授课方向
            System.out.print("请选择教师的授课方向:(1.Java方向" +
                    " 2..NET方向)");
            String majorField=null;
            if (input.nextInt() ==1) {
                majorField="Java方向";
            } else {
                majorField=".NET方向";
            }
            //2.1.2 创建教师对象并赋值
            //Teacher teacher=new Teacher();
            Teacher teacher=new Teacher(30,'男');
            teacher.name=name;
            teacher.majorField=majorField;
            //2.1.3 输出教师信息
            teacher.print();
            break;
        case 2:
            //2.2 如果是学生
            //2.2.1 选择学生性别
            System.out.print("请选择学生的年级:(1.大一  2.大二   3.大三)");
            String grade=null;
            int gradeInt=input.nextInt();
            if (gradeInt==1)
                grade="大一";
```

```
    else if(gradeInt==2){
        grade="大二";
    }else{
        grade="大三";
    }
    //2.2.2 创建学生对象并赋值
    Student student=new Student();
    student.name=name;
    student.grade=grade;
    //2.2.3 输出学生信息
    student.print();
        }
    }
}
```

程序再次运行结果如图 2-5 所示。

图 2-5 Teacher 类增加构造方法后的运行结果

Teacher 类定义了构造方法 public Teacher(int a,char g)，在使用 new 关键字创建对象的同时，分别对属性 age 和 gender 赋予不同的值，从而在输出的时候这两个属性不再是系统默认的初始值，这样设计使程序的初始化工作简化了很多。

2. 默认构造方法与构造方法的重载

代码 2-2 增加构造方法修改为代码 2-4 之后，如果代码 2-3 不做修改，那么程序将无法编译运行。为什么会这样呢？因为如果 Teacher 类中没有构造方法，那么 Java 虚拟机会自动增加一个默认构造方法，那么采用 new Teacher()来创建对象的时候，系统就会自动去调用默认构造方法。但是当程序员手动增加了一个构造方法之后，系统不会再增加默认构造方法，所以代码 2-3 必须改成代码 2-5 才能正确运行。那么，在增加了其他构造方法之后，可以再自己手动增加默认构造方法吗？

答案是肯定的，下面再为代码 2-4 手动增加一个默认构造方法，如代码 2-6 所示。

```
//代码 2-6
public class Teacher {
    String name;
    int age;
    char gender;
    String majorField;
    public Teacher(){
```

```
        name="西施";
        age=25;
        gender='女';
        majorField=".NET";
    }
    public Teacher(int a,char g){
        age=a;
        gender=g;
    }
    public void print() {
        System.out.println("我是"+name+",我的年龄是"+age+"岁,我的性别是"+gender
                +",我的授课方向是"+majorField);
    }
}
```

然后用代码 2-7 来测试代码 2-6。

```
//代码 2-7
public class TestTeacher {
    public static void main(String[] args) {
        Teacher t1=new Teacher();
        t1.print();
        Teacher t2=new Teacher(33,'男');
        t2.print();
    }
}
```

程序再次运行结果如图 2-6 所示。

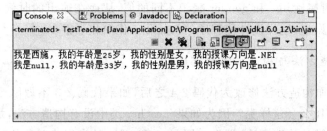

图 2-6　Teacher 类增加两个构造方法后的运行结果

　　Teacher 类定义了两个构造方法 Teacher()和 Teacher(int a,char g),在使用 new 关键字创建对象的时候,可以任意选择一个构造方法来创建对象,如代码 2-7 中对象 t1 使用了默认构造方法,对象 t2 使用了带参数的构造方法。

　　代码 2-6 中提供了两个构造方法,方法的名称相同,参数列表不同,这称为构造方法重载。那么,请注意,在没有给类提供任何构造方法时,系统会自动提供一个无参的方法实现为空的默认构造方法。一旦提供了自定义构造方法,系统将不会再提供这个默认构造方法。如果要使用它,程序员必须手动添加。强烈建议此时为 Java 类手动提供默认构造方法。

　　同样地,如果同一个类中包含了两个或两个以上方法,它们的方法名相同,方法参数列表不同,这叫方法重载。成员方法和构造方法都可以进行重载。

其实之前的程序已经无形之中在使用方法重载了。

例如,下面的 println()方法就是重载方法。

```
System.out.println(45);
System.out.println(true);
System.out.println("hello world!");
```

再如 String 类中的 indexOf 方法也是重载方法。

```
int indexOf(int ch);                //返回指定字符在此字符串中第一次出现处的索引
int indexOf(int ch, int fromIndex); //返回在此字符串中第一次出现指定字符处的索引,从
                                    //指定的索引开始搜索
int indexOf(String str);            //返回指定子字符串在此字符串中第一次出现处的索引
int indexOf(String str, int fromIndex); //返回指定子字符串在此字符串中第一次出现处
                                        //的索引,从指定的索引开始
```

注意:方法重载的判断依据如下。

(1)必须是在同一个类里。

(2)方法名相同。

(3)方法参数个数或参数类型不同。

(4)与方法返回值和方法修饰符没有任何关系。

2.3 使用封装优化系统设计

任务描述

在 2.1 节和 2.2 节中,进行信息录入时,如果不小心设置了 teacher.age = 200,程序不会有任何错误,但是却不符合现实。如何设计才能保证某些属性值一定在合理范围内呢?

任务分析

在 Java 中已经考虑到了这种情况,解决途径就是对类进行封装,通过使用 private、protected、public 和默认权限控制符来实现权限控制。在此例中,如果属性均设为 private 权限,它们将只在类内可见。然后再提供 public 权限的 setter 方法和 getter 方法实现对属性的存取,在 setter 方法中对输入的属性值的范围进行判断。

相关知识与实施步骤

添加权限控制符

在代码 2-6 中,为所有的属性加上一个权限控制符 private,然后为每一个属性添加 setXXX()和 getXXX()方法,如代码 2-8 所示。

```java
//代码 2-8
public class Teacher {
    private String name;
    private int age;
    private char gender;
    private String majorField;
    public String getName() {
        return name;
    }
    public void setName(String name) {
        this.name=name;
    }
    public int getAge() {
        return age;
    }
    public void setAge(int age) {
        if(age < 0 || age >100){
            this.age=30;
            System.out.println("年龄应该在0~100之间,默认为30!");
        }else{
            this.age=age;
        }
    }
    public char getGender() {
        return gender;
    }
    public void setGender(char gender) {
        this.gender=gender;
    }
    public String getMajorField() {
        return majorField;
    }
    public void setMajorField(String majorField) {
        this.majorField=majorField;
    }
    public Teacher(){
        name="西施";
        age=25;
        gender='女';
        majorField=".NET";
    }
    public Teacher(int a,char g){
        age=a;
        gender=g;
    }
    public void print() {
        System.out.println("我是"+name+",我的年龄是"+age+"岁,我的性别是"+gender
                +",我的授课方向是"+majorField);
    }
}
```

```
}
```

编写测试类代码 2-9，如下所示。

```
//代码 2-9
public class Test9 {
    public static void main(String[] args) {
        Teacher t1=new Teacher();

        //为属性赋值用 setXXX()方法
        t1.setName("武松");          //不能再用 t1.name="武松";
        t1.setAge(200);
        t1.setGender('男');
        t1.setMajorField("Java");

        //取出属性值用 getXXX()方法
        System.out.println("我的名字叫"+t1.getName());
        t1.print();
    }
}
```

程序运行结果如图 2-7 所示。

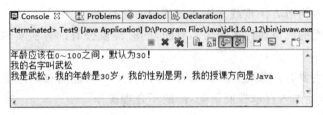

图 2-7　测试封装

从代码 2-9 的运行结果图可以看到封装之后的两个变化：采用了 private 修饰符的变量不能在类外部访问，而是通过 public 修饰的 setter 方法实现；通过在 setter 方法中编写相应存取控制语句可以避免出现不符合实际需求的赋值。

封装（Encapsulation）是类的三大特性之一，将类的状态信息隐藏在类内部，不允许外部程序直接访问，通过该类提供的方法来实现对隐藏信息的操作和访问。封装的具体步骤如下。

（1）修改属性的可见性来显示对属性的访问。

（2）为每个属性创建一对赋值（setter）方法和取值（getter）方法用于对属性值的存取。

（3）在赋值方法中，加入对属性的存取控制语句。

封装的好处主要体现在以下 3 个方面。

（1）隐藏类的实现细节。

（2）让使用者只能通过程序员规定的方法来访问数据。

（3）可以方便地加入存取控制语句，限制不合理操作。

封装时会用到多个权限控制符来修饰成员变量和方法，区别如下。

（1）private：成员变量和方法只能在类内被访问，被同一个项目中不同包中的子类访问（父类、子类的概念将在下一章讲解）。

（2）public：可以被同一个项目中所有类访问，具有项目可见性，这是最大的访问权限。

读者不妨思考以下问题：如何将教师类和学生类的姓名控制在 4 个字以内？

本 章 小 结

现实世界是"面向对象"的，面向对象就是采用"现实模拟"的方法设计和开发程序。面向对象技术是目前计算机软件开发中最流行的技术。面向对象设计的过程就是抽象的过程。

类是对某一类事物的描述，是抽象的、概念上的定义。对象是实际存在的该事物的个体，是具体的，现实的。

如果同一个类中包含了两个或两个以上方法，它们的方法名相同，方法参数个数或参数类型不同，则称该方法被重载了，这个过程称为方法重载。

构造方法用于创建类的对象。构造方法的作用主要就是在创建对象时执行一些初始化操作。可以通过构造方法重载来实现多种初始化行为。

封装就是将类的成员属性声明为私有的，同时提供公有的方法实现对该成员属性的访问操作。

封装的好处主要有：隐藏类的实现细节；让使用者只能通过程序员规定的方法来访问数据；可以方便地加入存取控制语句，限制不合理操作。

上机练习 2

1. 画出代码 2-8 的类图，并根据 Teacher 类的类图，设计出 Student 类属性被封装后的类图。

2. 实现角色信息录入和打印。

需求说明：根据控制台提示信息选择角色为学生，输入姓名、年级等信息，然后打印学生信息。

实现思路及关键代码：

（1）创建 Student 类，定义属性和方法，定义 print()方法，定义默认构造方法。

（2）编写 Test 类，根据控制台提示信息选择角色为学生，输入姓名、年级等信息，创建 Student 对象并打印对象信息。

3. 给 Student 类增加 Student（name）构造方法。

训练要点：

（1）构造方法的定义和使用。

（2）构造方法的重载，是否提供带参构造方法对默认构造方法的影响。

需求说明：给 Student 类增加 Student（name）构造方法，使用该构造方法创建对象；去掉默认构造方法，分析出现问题的原因。

4. 对 Student 类的所有属性进行封装，并设定名字不能多于 4 个字符，年级不能是"大一"、"大二"、"大三"以外的数据。

训练要点：封装，限定属性值。

需求说明：在控制台上输入姓名和年级，正确输出学生信息。

5. 结合上面的题目，给 Teacher 类增加两个构造方法，一个默认构造方法；一个 public Teacher(String name，int age，char gender，String majorField)的构造方法。然后封装 Teacher 类的所有属性，并设定名字不能多于 4 个字符，授课方向不能是"Java"和".NET"以外的数据。

训练要点：构造方法，封装，限定属性值。

需求说明：在控制台上可以选择要录入的角色信息，选择"教师"正确录入并打印教师信息，选择"学生"正确录入并打印学生信息。

习 题 2

一、填空题

1. 如果一个方法不返回任何值，则该方法的返回值类型为_____。

2. 如果子类中的某个方法名、返回值类型和_____与父类中的某个方法完全一致，则称子类中的这个方法覆盖了父类的同名方法。

3. 一般 Java 程序的类主体由两部分组成：一部分是_____；另一部分是_____。

4. 分别用_____关键字来定义类；用_____关键字来分配实例存储空间。

二、单项选择题

1. 方法内定义的变量（   ）。
   A. 一定在方法内所有位置可见　　　B. 可能在方法的局部位置可见
   C. 在方法外可以使用　　　　　　　D. 在方法外可见

2. 能作为类及其成员的修饰符是（   ）。
   A. interface　　　B. class　　　　C. protected　　　D. public

3. 下列方法定义中，方法头不正确的是（   ）。
   A. public static x(double a){...}　　B. public static int x(double y){...}
   C. void x(double d){...}　　　　　　D. public int x(){...}

4. 构造方法在（   ）时被调用。
   A. 类定义时　　　　　　　　　　　B. 使用对象的变量时
   C. 调用对象方法时　　　　　　　　D. 创建对象时

5. 下列类声明中是正确的（   ）。
   A. public abstract class Car{...}　　B. abstract private move(){...}

C. protected private number;　　　　D. abstract final class H1{...}

6. 下列不属于面向对象程序设计的基本特征的是（　　　）。

　　A. 抽象　　　　　B. 封装　　　　C. 继承　　　　D. 静态

7. 看下面的程序段。

```
class Person{
  String name,department;
  int age;
  public Person(String n){name=n;}
  public Person(String n,int a){name=n; age=a;}
  public Person(String n, String d, int a ){
      //doing the same as two arguments version if constructer
}
```

下面可以添加到//doing the same...处的选项是（　　　）。

　　A. Person(n,a)　　　　　　　　　B. this(Person(n,a))

　　C. this(n,a)　　　　　　　　　　D. this(name. age)

8. 下面的程序段中,方法 fun() 如何来访问变量 m?（　　　）

```
class Test{
    private int m;
    public static void fun(){
        //some code
    }
}
```

　　A. 将 private int m 改成 protected int m

　　B. 将 private int m 改成 public int m

　　C. 将 private int m 改成 static int m

　　D. 将 private int m 改成 int m

9. 有一个类 A,对于其构造方法的声明正确的是（　　　）。

　　A. void A(int x){...}　　　　　　B. public A(int x){...}

　　C. A A(int x){...}　　　　　　　D. int A(int x){...}

10. 对于下面的程序段,正确的选项是（　　　）。

```
public class Test{
  long a[]=new long[10];
  public static void main(String args[]){
    System.out.println(a[6]);
  }
}
```

　　A. 不输出任何内容　　　　　　　B. 输出 0

　　C. 当编译时有错误出现　　　　　D. 当运行时有错误出现

三、阅读程序题

1. 写出下列程序的运行结果:＿＿＿＿＿＿＿＿＿。

```
public class Person{
    String name;
    int age;
    public Person(String name,int age){
        this.name=name;
        this.age=age;
    }
    public static void main(String[]args){
        Person c=new Person("Peter",17);
        System.out.println(c.name+" is "+c.age+" years old!");
    }
}
```

2. 下面是一个类的定义，将其补充完整。

```
class _____{
    String name;
    int age;
    Student(_____ name, int a){
        _____.name=name;
        age=a;
    }
}
```

四、编程题

1. 编程实现矩形类，其中包括计算矩形周长和面积的方法，并测试方法的正确性。

2. 某公司正进行招聘工作，被招聘人员需要填写个人信息，编写"个人简历"的封装类。包括如下属性和对属性进行操作的方法。

```
String xm;      //姓名
String xb;      //性别
int nl;         //年龄
String jtzz;    //家庭住址
String xl;      //学历
```

提示：假设有"private String name;"则可以如下设置 setter 和 getter 方法。

```
public void setName(String name){
    this.name=name;
}

public String getName(){
    return this.name;
}
```

第 3 章

继　　承

本章将对上一章的内容进行优化设计,并介绍继承的作用与使用场合。

通过继承实现代码复用。Java 中所有的类都是通过直接或间接地继承 Java. lang. Object 类得到的。通过继承得到的类称为子类,被继承的类称为父类。子类不能继承父类中访问权限为 private 的成员变量和方法。子类可以重写父类的方法及命名与父类同名的成员变量。但 Java 不支持多重继承,即一个类从多个超类派生的能力。

技能目标

学习使用继承。

理解方法重写的目的。

父类的声明和子类的实例化。

3.1　使用继承优化设计

任务描述

在第 2 章的 Teacher 类和 Student 类中,它们有很多相同的属性和方法,例如 name、age 和 gender 属性以及相应的 getter 方法、print()方法。这种设计的不足之处主要表现在两个方面:一是代码重复量大;二是如果要修改,两个类都要修改,如果设计的类较多,那修改量就更大了。如何有效地解决这个问题呢?

任务分析

可以将 Teacher 类和 Student 类中相同的属性和方法提取出来放到一个单独的 Person 类中,然后让 Teacher 类和 Student 类继承 Person 类,同时保留自己特有的属性和方法,这可以通过 Java 的继承功能来实现。

相关知识与实施步骤

解决代码冗余——抽象出父类

在 Java 中,许多类组成层次化结构,一个类的上一层称为父类(也叫超类),下一层称为子类(也叫派生类),Java 中所有的类都是通过直接或间接地继承 Java.lang.Object 类得到的。通过继承实现代码复用,子类不能继承父类中访问权限为 private 的成员变量和方法。Java 不支持多重继承,即一个类从多个超类派生的能力。

通过以上分析,可以将第 2 章中的两个类重复的属性和方法放在父类中,然后采用继承的方式使子类同时具有父类的属性和方法,然后还可以添加自己的属性和方法。类图如图 3-1 所示。

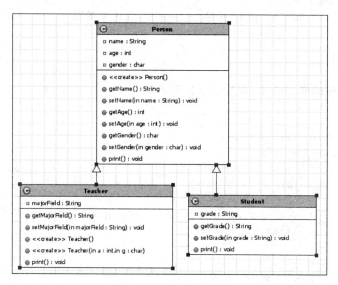

图 3-1 继承后的类图

采用这种优化设计后,代码比原来更清晰易懂。父类 Person 代码如代码 3-1。

```java
//代码 3-1
public class Person {
    private String name;
    private int age;
    private char gender;

    public Person(){
    }

    public String getName() {
        return name;
    }
    public void setName(String name) {
        this.name=name;
    }
    public int getAge() {
        return age;
    }
    public void setAge(int age) {
        this.age=age;
```

```
    }
    public char getGender() {
        return gender;
    }
    public void setGender(char gender) {
        this.gender=gender;
    }
    public void print() {
        System.out.print("我是"+name+",我的年龄是"+age+"岁,我的性别是"+
                gender);
    }
}
```

Teacher 类代码变得简单,如代码 3-2 所示。

```
//代码 3-2
public class Teacher extends Person {
    private String majorField;
    public String getMajorField() {
        return majorField;
    }
    public void setMajorField(String majorField) {
        this.majorField=majorField;
    }
    public Teacher(){
        majorField=".NET";
    }
    public Teacher(int a,char g){
    }
    public void print() {
        System.out.println(",我的授课方向是"+majorField);
    }
}
```

Student 类代码同样也变得简单,如代码 3-3 所示。

```
//代码 3-3
public class Student extends Person{
    private String grade;
    public String getGrade() {
        return grade;
    }
    public void setGrade(String grade){
        this.grade=grade;
    }
    public void print() {
        System.out.println(",目前我上"+grade);
    }
}
```

在 Java 中,通过关键字 extends 来实现继承,Teacher 类和 Student 类都继承了

Person 类,那么在 Teacher 类和 Student 类中,也拥有了 Person 类中所有非 private 修饰的属性和方法。在测试类中,可以通过子类对象直接调用父类的方法。

```
//代码 3-4
public class Test9 {
    public static void main(String[] args) {
        Teacher t1=new Teacher();
        //虽然 setName()等方法不是 Teacher 类的,但是通过 t1 对象可以调用,就像自己的
        //方法一样
        t1.setName("武大郎");
        t1.setAge(300);
        t1.setGender('男');
        t1.setMajorField("Java");
        System.out.println("我的名字叫"+t1.getName());
        //t1.print();
    }
}
```

输出结果如下。

我的名字叫武大郎

由此可见,原来分别都要在两个类(Teacher 和 Student)中书写的代码,现在只须在父类中写一次就可以达到代码重复利用的目的。因此,继承提高了代码的利用率。

3.2　子类重写父类方法

任务描述

代码 3-4 中,把最后一行代码注释掉了("//t1.print();")。如果不注释掉,它会输出什么呢? t1 对象是去调用 Teacher 类的 print()方法呢,还是调用 Person 类的方法呢?

任务分析

从 t1 对象的定义中可以看出,它是 Teacher 类的对象,因此它会去调用 Teacher 类的 print()方法。

相关知识与实施步骤

1. 子类重写父类的方法

把代码 3-4 的最后一句去掉注释,变成代码 3-5。

```
//代码 3-5
public class Test9 {
    public static void main(String[] args) {
        Teacher t1=new Teacher();
```

```
//虽然 setName()等方法不是 Teacher 类的,但是通过 t1 对象可以调用,就像自己的
//方法一样
t1.setName("武大郎");
t1.setAge(30);
t1.setGender('男');
t1.setMajorField("Java");
System.out.println("我的名字叫"+t1.getName());
t1.print();
    }
}
```

输出结果如下。

```
我的名字叫武大郎
,我的授课方向是 Java
```

输出结果显然不符合要求。怎样修改才能得到"我是武大郎,我的年龄是 30 岁,我的性别是男,我的授课方向是 Java"的输出结果呢?

在 Teacher 类中修改 print()方法,增加一行"super. print();"即可,修改代码 3-2,得到代码如下。

```
//代码 3-6
public class Teacher extends Person {
    private String majorField;
    public String getMajorField() {
        return majorField;
    }
    public void setMajorField(String majorField) {
        this.majorField=majorField;
    }
    public Teacher(){
        majorField=".NET";
    }
    public Teacher(int a,char g){
    }
    public void print() {
        super.print();
        System.out.println(",我的授课方向是"+majorField);
    }
}
```

再次运行代码 3-5,程序再次运行结果如图 3-2 所示。

Teacher 类和 Person 类都拥有相同的 print()方法(声明完全相同),这叫做方法的重写或者方法的覆盖(Overloading)。在继承关系中,如果父类的某个方法不符合子类的要求,就可以通过重写来覆盖父类的方法,重写必须遵循以下原则。

(1)用来覆盖的子类方法应和被覆盖的父类方法保持相同名称和相同返回值类型,以及相同的参数个数和参数类型。

图 3-2　Teacher 类调用父类的 print() 方法运行结果

（2）可能不需要完全覆盖一个方法，部分覆盖是在原方法的基础上添加新的功能，即在子类的覆盖方法中添加一条语句："super. 原父类方法名;"，然后加入其他语句，代码 3-6 就是这样情况。

（3）子类方法不能缩小父类方法的访问权限。

因此，在 Teacher 类中，没有完全覆盖父类的 print() 方法，而是采用关键字 super 去调用父类的 print() 方法，达到输出结果要求。

2. super 和 this

（1）super 的使用

Java 中通过 super 来实现对父类成员的访问，super 用来引用当前对象的父类。super 的使用有 3 种情况。

① 访问父类被覆盖的成员变量，如 super. variable。

② 调用父类中被重写的方法，如 super. Method([paramlist])。

③ 调用父类的构造方法，如 super([paramlist])。

代码 3-7 给出了 super 的 3 种使用情况。

```
//代码 3-7
class SuperClass{
    int x;
    SuperClass() {
      x=3;
      System.out.println("in SuperClass : x=" +x);
    }
    void doSomething() {
        System.out.println("in SuperClass.doSomething()");
    }
}
class SubClass extends SuperClass {
    int x;
    SubClass() {
        super();                    //调用父类的构造方法
        x=5;                        //super() 要放在构造方法中的第一句
        System.out.println("in SubClass :x="+x);
    }
    void doSomething() {
        super.doSomething();        //调用父类的方法
```

```
        System.out.println("in SubClass.doSomething()");
        System.out.println("super.x="+super.x+" sub.x="+x); //调用父类的属性
    }
}
public class Inheritance {
    public static void main(String args[]) {
        SubClass subC=new SubClass();
        subC.doSomething();
    }
}
```

输出结果如图 3-3 所示。

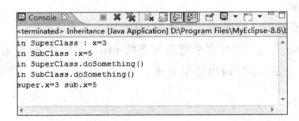

图 3-3　super 的使用运行结果

super()可用来调用父类的构造方法。

Java 规定类的构造方法只能由 new 调用,程序员不能直接调用,但可用 super()间接调用,类的构造方法是不能继承的,因为构造方法不是类的成员,没有返回值,也不需要修饰符。

说明:super()只能出现在子类的构造方法中,而且必须是子类构造方法中的第一条可执行语句。

(2) this 的使用

Java 中通过 this 来实现对本类成员的访问,this 用来引用当前对象。this 的使用有 3 种情况。

① 访问本类的成员变量,如 this.variable。

② 调用本类中被重写的方法,如 this.Method([paramlist])。

③ 调用本类的构造方法,如 this([paramlist])。

代码 3-8 给出了 this 的 3 种使用情况。

```
//代码 3-8
public class Teacher extends Person {
    private String majorField;
    public String getMajorField() {
        return majorField;
    }
    public void setMajorField(String majorField) {
        this.majorField=majorField;
    }
    public Teacher(){
```

```
        //this.majorField="";
        this(".net");                    //调用构造方法,必须是第一句
    }
    public Teacher(String majorField){
        this.majorField=majorField;        //this 调用自己的属性
    }
    public void print() {
        super.print();
        System.out.println(",我的授课方向是"+this.getMajorField());
                                          //调用自己的某个方法
    }
}
```

再次运行代码 3-5,运行结果如图 3-4 所示。

图 3-4　修改了 Teacher 类后的运行结果

在下列几种情况下需要用到 this。

① 通过 this 调用另一个构造方法,用法是 this(参数列表),这个仅仅在类的构造方法中,别的地方不能这么用。

② 方法参数或者方法中的局部变量和成员变量同名的情况下,成员变量被屏蔽,此时要访问成员变量则需要用“this. 成员变量名”的方式来引用成员变量。代码 3-8 中,“this. majorField = majorField;”中的 this. majorField 就是成员变量(属性),而 majorField 是局部变量,也就是方法带的那个参数。当然,在没有同名的情况下,可以直接用成员变量的名字,而不用 this,用了也不为错。

③ 在方法中,需要引用该方法所属类的当前对象时候,直接用 this。

super 和 this 的用法总结如下。

① 调用 super()必须写在子类构造方法的第一行,否则编译不能通过。每个子类构造方法的第一条语句都是隐含地调用 super(),如果父类没有这种形式的构造方法,那么在编译的时候就会报错。

② super()和 this()类似,区别是,super 是从子类中调用父类的构造方法,this()则是在同一类内调用其他方法。

③ super()和 this()均需放在构造方法的第一行。

④ 可以用 this 调用构造器,但不能同时调用两个。

⑤ this 和 super 不能同时出现在一个构造方法里面,因为 this 必然会调用其他的构造方法,其他的构造方法必然也会有 super 语句的存在,所以在同一个构造方法里面有相同的语句,就失去了语句的意义,编译器也不会通过。

⑥ this()和 super()都指的是对象,所以,均不可以在 static 环境中使用,包括 static 变量、static 方法、static 语句块。

3. 子类和父类的构造顺序

(1) 初始化父类中的静态成员变量和静态代码块,按照在程序中出现的顺序初始化。
(2) 初始化子类中的静态成员变量和静态代码块,按照在程序中出现的顺序初始化。
(3) 初始化父类的普通成员变量和代码块,再执行父类的构造方法。
(4) 初始化子类的普通成员变量和代码块,再执行子类的构造方法。

现在,修改 Person 类、Teacher 类和 Test 测试类,观察并分析运行结果。

Person 提供了两个构造方法,如代码 3-9 所示。

```
//代码 3-9
public class Person {
    private String name;
    private int age;
    private char gender;
    public Person(){
        System.out.println("正在执行父类 Person()的无参方法!");
    }
    public Person(String name){
        this.name=name;
        System.out.println("正在执行父类 Person(String name)的有参方法!");
    }
}
```

Teacher 类有 3 个构造方法,如代码 3-10 所示。

```
//代码 3-10
public class Teacher extends Person {
    private String majorField;
    public String getMajorField() {
        return majorField;
    }
    public void setMajorField(String majorField) {
        this.majorField=majorField;
    }
    public Teacher(){
        this(".net");
        System.out.println("正在执行子类 Teacher()的无参方法!");
    }
    public Teacher(String majorField){
        this.majorField=majorField;
        System.out.println("正在执行子类 Teacher(String majorField)的有参方法!");
    }
    public Teacher(String majorField,String name ){
        super(name);   //显示调用父类构造方法,必须是第一句
        this.majorField=majorField;
```

```
            System.out.println("正在执行子类 Teacher(String majorField)的有参方法!");
        }

    }
```

Test 测试类分别产生 3 个 Teacher 对象,如代码 3-11 所示。

```
//代码 3-11
public class Test9 {
    public static void main(String[] args) {
        System.out.println("开始构造 t1 对象"+"\n------------------ ");
        Teacher t1=new Teacher();
        System.out.println("------------------ "+"\nt1 对象构造完成");
        System.out.println("开始构造 t2 对象"+"\n------------------ ");
        Teacher t2=new Teacher("Java");
        System.out.println("------------------ "+"\nt2 对象构造完成");
        System.out.println("开始构造 t3 对象"+"\n------------------ ");
        Teacher t3=new Teacher("Java","克林顿");
        System.out.println("------------------ "+"\nt3 对象构造完成");
    }
}
```

输出结果如下。

```
开始构造 t1 对象
------------------
正在执行父类 Person()的无参方法!
正在执行子类 Teacher(String majorField)的有参方法!
正在执行子类 Teacher()的无参方法!
------------------
t1 对象构造完成
开始构造 t2 对象
------------------
正在执行父类 Person()的无参方法!
正在执行子类 Teacher(String majorField)的有参方法!
------------------
t2 对象构造完成
开始构造 t3 对象
------------------
正在执行父类 Person(String name)的有参方法!
正在执行子类 Teacher(String majorField)的有参方法!
------------------
t3 对象构造完成
```

从结果中可以得到以下结论。

(1) 产生子类对象的时候,先要调用父类的构造方法产生父类,才能调用子类的构造方法产生子类。也就是说,一定先有父亲,才会有孩子。对象 t1、t2、t3 的产生都先调用父类构造方法。

(2) 如果在子类构造方法中没有显示调用父类构造方法,那么系统自动去调用父类的默认构造方法。对象 t1、t2 的产生都是系统先调用默认的父类构造方法。

（3）子类如果显示调用父类构造方法,那么这条调用语句一定写在方法的第一句。在 Teacher(String majorField,String name)构造方法中,"super(name);"语句必须写在方法的第一行。

3.3　父类声明和子类实例化

任务描述

如果用如下方法去声明和赋值一个对象,那么对象 p 的属性和方法和前面定义的"Teacher t＝new Teacher();"对象会有什么区别和联系呢?

```
Person p = new Teacher();
```

任务分析

在 Java 中,声明部分可以为父类,赋值的时候用子类,上述 p 对象产生之后具备自己的特有属性和方法,但是如果子类重写了父类的方法,p 对象实际调用的是子类的方法,如果子类覆盖了父类的属性,p 对象实际调用的是父类的属性。

相关知识与实施步骤

方法重写后子类和父类方法调用

重新修改 Person 类、Teacher 类和测试类,首先是 Person 类,如代码 3-12 所示。

```
//代码 3-12
public class Person {
    private String name;
    private int age;
    private char gender;

    public Person(){
    }

    public String getName() {
        return name;
    }
    public void setName(String name) {
        this.name=name;
    }
    public int getAge() {
        return age;
    }
    public void setAge(int age) {
        this.age=age;
```

```
    public char getGender() {
        return gender;
    }
    public void setGender(char gender) {
        this.gender=gender;
    }
    public void print() {
        System.out.print("执行Person类中的print方法");
    }
}
```

Teacher 类代码如下。

```
//代码 3-13
public class Teacher extends Person {
    private String majorField;
    public String getMajorField() {
        return majorField;
    }
    public void setMajorField(String majorField) {
        this.majorField=majorField;
    }
    public Teacher(){
        majorField=".NET";
    }
    public Teacher(int a,char g){
    }
    public void print() {
        System.out.print("执行Teacher类中的print()方法");
    }
}
```

测试类 Test 代码如下。

```
//代码 3-14
public class Test9 {
    public static void main(String[] args) {
        Person p=new Teacher();
        p.print();
        p.setMajorField("Java");        //错误,p对象没有这个方法
    }
}
```

执行测试类的输出结果如下。

执行 Teacher 类中的 print()方法

从执行结果可以看出,p 对象执行的 print()方法实际上是 Teacher 类的 print()方法,这一点很重要。要记清楚:声明部分为父类,赋值部分为子类的这个对象 p,在调用重写的方法时,是调用的子类的方法。

另外,p 对象不存在子类的其他方法,比如 p 对象没有 Teacher 类的 setMajorField (String majorField)等方法。

问题：如果 Person 类和 Teacher 类有相同的属性(不是 private 属性),p 对象又将输出哪个类的属性值呢？测试下代码输出结果。

```java
//代码 3-15
class Person1 {
    String name="张三";
}
class Teacher1 extends Person1 {
    String name="王五";
}
public class Test2 {
    public static void main(String[] args) {
        Person1 p=new Teacher1();
        System.out.println(p.name);
    }
}
```

本 章 小 结

继承是 Java 中实现代码重用的重要手段之一。Java 中只支持单继承,即一个类只能有一个直接父类。Java. lang. Object 类是所有 Java 类的祖先。

在子类中可以根据实际需求对从父类继承的方法进行重新编写,称为方法的重写或覆盖。

子类中重写的方法和父类中被重写的方法必须具有相同的方法名、参数列表、返回值类型必须和被重写方法的返回值类型相同或者是其子类。

如果子类的构造方法中没有通过 super 显式调用父类的有参构造方法,也没有通过 this 显式调用自身的其他构造方法,则系统会默认先调用父类的无参构造方法。

声明部分为父类,赋值部分为子类的对象,在调用重写的方法时,会调用子类的方法,属性被覆盖则正好相反。

上机练习 3

1. 创建角色对象并输出信息。

训练要点:

(1) 继承语法、子类可以从父类继承的内容。

(2) 子类重写父类方法。

(3) 继承条件下构造方法的执行过程。

需求说明：从 Teacher 类和 Student 类中抽象出 Person 父类,让 Teacher 类和

Student 类继承 Person 类,属性集方法如图 3-1 所示,然后创建 Teacher 类和 Student 类对象并输出它们自己的信息。

2. 方法的覆盖。

训练要点:super 的使用。

需求说明:在父类中写出 print()方法,输出父类的属性。分别在 Teacher 类和 Student 类中覆盖 print()方法,输出所有父类和子类的属性值。

3. this 和 super 的使用。

训练要点:子类和父类的构造顺序。

需求说明:

(1) 为父类 Person 增加两个构造方法,默认构造方法和带 3 个参数的构造方法,分别用 3 个参数为 Person 类的 3 个属性赋值。在默认构造方法中用 this 调用带 3 个参数的构造方法。

(2) 为子类 Teacher 类和 Student 类也分别增加两个构造方法,默认构造方法和带参数的构造方法,在默认构造方法中用 this 调用带参数的构造方法。

(3) 在子类中用 super 显式调用父类构造方法。体会子类对象和父类对象的构造顺序。

4. 父类声明和子类实例化。

训练要点:父类声明和子类实例化,这样的对象在调用重写方法和属性时的区别。

需求说明:采用父类声明和子类实例化,输出子类 Teacher 类和 Student 类自我介绍的信息。回答代码 3-15 的输出结果。

习　题　3

一、填空题

1. 不能覆盖父类中的_____方法和_____方法。

2. 在 Java 类的层次结构中,最顶端的类是_____,它在 Java.lang 包中定义,是所有类的始祖。

3. 创建子类对象实例时,系统可以自动调用父类的_____构造方法,初始化属性的数据。

4. 对于父类中的构造方法,系统不能自动调用它们,只能通过在子类构造方法中使用关键字_____调用,其调用语句位置必须是_____。

二、单项选择题

1. 子类中定义的方法与父类方法同名且同形时称父类方法被覆盖(也称重写),以下说法正确的是(　　)。

　　A. 父类对象调用的也是子类的方法

　　B. 在子类中仍可用"super.方法名"调用父类被覆盖的方法

C. final 修饰的方法不允许被覆盖

D. 子类方法必须与父类被重写的方法在访问权限、返回值类型、参数表等方面完全一致

2. 关于在子类中调用父类构造方法的问题,下述说法正确的是( )。

A. 子类构造方法一定要调用父类的构造方法

B. 子类构造方法只能在第一条语句调用父类的构造方法

C. 调用父类构造方法的方式是:父类名(参数表)

D. 默认情况下子类的构造方法将调用父类的无参数构造方法

3. 为了区分类中重载的同名的不同方法,要求( )。

A. 参数列表不同

B. 调用时用类名或对象名做前缀

C. 参数名不同

D. 返回值类型不同

4. 某个类中存在一个方法:void getSort(int x),以下能作为该方法重载声明的是( )。

A. publicgetSort(float x)

B. doublegetSort(int x,int y)

C. int getSort(int y)

D. voidget(int x,int y)

5. A 派生出子类 B,B 派生出子类 C,并且在 Java 源代码中有如下声明,则以下说法中正确的是( )。

```
A a0=new A();
A a1=new B();
A a2=new C();
```

A. 只有第 1 行能通过编译

B. 第 1、2 行能通过编译,但第 3 行编译出错

C. 第 1、2、3 行能通过编译,但第 2、3 行运行时出错

D. 第 1、2、3 行的声明都是正确的

6. 下列叙述中,正确的是( )。

A. 子类继承父类的所有属性和方法

B. 子类可以继承父类的私有的属性和方法

C. 子类可以继承父类的公有的属性和方法

D. 创建子类对象时,父类的构造方法都要被执行

7. 在 Java 中,下列说法正确的是( )。

A. 一个子类可以有多个父类,一个父类也可以有多个子类

B. 一个子类可以有多个父类,但一个父类只可以有一个子类

C. 一个子类只可以有一个父类,但一个父类可以有多个子类

D. 上述说法都不对

8. 关于继承下面说法正确的是( )。

    A. 子类能够继承父类私有的属性

    B. 子类可以重写父类的 final 方法

    C. 子类能够继承不同包父类的 protected 属性

    D. 子类能够继承不同包父类的默认属性

三、阅读程序题

1. 写出下列代码的输出结果。

```java
public class FatherClass {
    public FatherClass() {
        System.out.println("FatherClass Create");
    }

    public static void main(String[] args) {
        FatherClass fc=new FatherClass();
        ChildClass cc=new ChildClass();
    }
}

class ChildClass extends FatherClass {
    public ChildClass() {
        System.out.println("ChildClass Create");
    }

}
```

2. 写出下列代码的输出结果。

```java
class Parent {
    void printMe() {
        System.out.println("parent");
    }
}
class Child extends Parent {
    void printMe() {
        System.out.println("child");
    }
    void printAll() {
        super.printMe();
        this.printMe();
        printMe();
    }
}
class Class1 {
    public static void main(String[] args) {
        Child myC=new Child();
        myC.printAll();
```

```
        }
}
```

四、编程题

编写一个 Java 程序,并满足如下要求。

(1) 编写一个 Car 类,具有以下属性和功能。

属性:品牌(Brand)——String 类型。

功能:驾驶(void drive())。

(2) 定义 Car 类的子类 SubCar,具有以下属性和功能。

属性:价格(price)、速度(speed)——int 型。

功能:变速(void speedChange(int newSpeed)),把新速度赋给 speed。

(3) 定义主类,在其 main 方法中创建 SubCar 类的两个对象:BMW 和 Benz 并测试其特性。

第 4 章

多　态

本章将使用多态来扩展前两个单元的功能,多态性是面向对象程序设计代码重用的一个重要机制,在 Java 语言中,多态性体现在两个方面:由方法重载实现的静态多态性(编译时多态)和方法重写实现的动态多态性(运行时多态)。

(1)编译时多态。在编译阶段,具体调用哪个被重载的方法,编译器会根据参数的不同来静态确定调用相应的方法。

(2)运行时多态。由于子类继承了父类所有的属性(私有的除外),所以子类对象可以作为父类对象使用。程序中凡是使用父类对象的地方,都可以用子类对象来代替。一个对象可以通过引用子类的实例来调用子类的方法。

本单元增加督导来调查老师的教学情况以及学生的学习情况功能,通过使用运行时多态来实现这一功能,并采用运行时多态来高度重用代码,使整个系统的可扩展性增强。

技能目标

学习使用多态。

多态的使用场景。

子类父类的相互转换。

4.1　什么是多态

任务描述

为了进一步提高教学质量和学生学习的积极性,学校增加了一个教学督导组,目的是监督教师的教学情况以及学生的学习情况。

督导主要从以下两个方面监督教师教学。

(1)教师上课是否表达准确。

(2)讲解思路是否清晰。

从以下两个方面监督学生上课情况。

(1)不迟到、早退、旷课。

(2)课堂上认真学习。

任务分析

根据面向对象程序设计的步骤,增加以上功能需要增加一个督导类,然后在督导类中增加监督教师的方法和监督学生的方法即可。

相关知识与实施步骤

1. 新增监督功能

通过以上分析,上一单元的 Person 类、Teacher 类和 Student 类代码分别如下。
Person 类代码如下。

```
//代码4-1
public class Person {
    private String name;
    private int age;
    private char gender;

    public Person(){
    }

    public String getName() {
        return name;
    }
    public void setName(String name) {
        this.name=name;
    }
    public int getAge() {
        return age;
    }
    public void setAge(int age) {
        this.age=age;
    }
    public char getGender() {
        return gender;
    }
    public void setGender(char gender) {
        this.gender=gender;
    }
    public void print() {
        System.out.print("我是"+name+",我的年龄是"+age+"岁,我的性别是"+
        gender);
    }
}
```

Teacher 类代码如下。

```
//代码4-2
public class Teacher extends Person {
```

```
    private String majorField;
    public String getMajorField() {
        return majorField;
    }
    public void setMajorField(String majorField) {
        this.majorField=majorField;
    }
    public Teacher(){
        majorField=".net";
    }
    public Teacher(int a,char g){
    }
    public void print() {
        super.print();
        System.out.println(",我的授课方向是"+majorField);
    }
}
```

Student 类代码如下。

```
//代码 4-3
public class Student extends Person{
    private String grade;
    public String getGrade() {
        return grade;
    }
    public void setGrade(String grade){
        this.grade=grade;
    }
    public void print() {
        super.print();
        System.out.println( ",目前我上"+grade);
    }
}
```

接下来增加监督类 Supervisor,再在这个类中增加两个方法,一个是监督教师的方法;一个是监督学生的方法,如代码 4-4 所示。

```
//代码 4-4
public class Supervisor {
//监督教师的方法
    public void supervise(Teacher t){
        System.out.println("开始监督...");
        System.out.println("1. 表达准确。");
        System.out.println("2. 讲解思路清晰!");
    }

//监督学生的方法
    public void supervise(Student s){
        System.out.println("开始监督...");
```

```
        System.out.println("1.不迟到、早退、旷课。");
        System.out.println("2.课堂认真学习。");
    }
}
```

最后书写测试方法 Test,如代码 4-5 所示。

```
//代码 4-5
public class Test {
    public static void main(String[] args) {
        Supervisor supervisor=new Supervisor();
        supervisor.supervise(new Student());
        supervisor.supervise(new Teacher());
    }
}
```

运行测试类的输出结果如下。

```
开始监督 ...
1.不迟到、早退、旷课。
2.课堂认真学习。
开始监督 ...
1.表达准确。
2.讲解思路清晰!
```

至此,功能增加完毕。可是,这个程序存在以下问题。

(1) 学生和老师上课都应该是学生和老师的行为,不应该放在监督类中。

(2) 如果督导还要监督教学行政人员,那么除了增加行政人员类外,还必须为督导类再增加监督行政人员的方法。也就是每增加一种角色,这个系统就要增加相应的类,然后修改督导类。这使得本程序的扩展性不强,怎样增强程序的扩展性呢?

2. 优化监督功能

为了解决上面提出的两个问题,对程序进行如下修改。

(1) 把上课方法 learn()放到 Person 类中,然后方法体为空。在 Teacher 类和 Student 类中重写 Person 类的上课方法。

(2) 在督导类中修改监督方法 supervise(),参数类型改为 Person 对象类型。

修改后的代码如下。

Person 类(斜体部分为新增代码)代码如下。

```
//代码 4-6
public class Person {
    private String name;
    private int age;
    private char gender;

    public Person(){
    }
```

```
    public String getName() {
        return name;
    }
    public void setName(String name) {
        this.name=name;
    }
    public int getAge() {
        return age;
    }
    public void setAge(int age) {
        this.age=age;
    }
    public char getGender() {
        return gender;
    }
    public void setGender(char gender) {
        this.gender=gender;
    }
    public void print() {
        System.out.print("我是"+ name +",我的年龄是"+ age +"岁,我的性别是"+
                          gender);
    }
    //增加一个空的 learn()方法
    public void learn(){
    }
}
```

Teacher 类代码如下。

```
//代码 4-7
public class Teacher extends Person {
private String majorField;
    public String getMajorField() {
        return majorField;
    }
    public void setMajorField(String majorField) {
        this.majorField=majorField;
    }
    public Teacher(){
        //this.majorField="";
        this(".net"); //调用构造方法,必须是第一句
    }
    public Teacher(String majorField){
        this.majorField=majorField;//this 调用自己的属性
    }
    public void print() {
        //System.out.print("执行 Teacher 类中的 print 方法");
        super.print();
        System.out.println(",我的授课方向是"+this.getMajorField());
        //调用自己的某个方法
```

```
    }
    //真正实现 learn()方法
    public void learn(){
        System.out.println("1.表达准确。");
        System.out.println("2.讲解思路清晰！");
    }
}
```

Student 类代码如下。

```
//代码 4-8
public class Student extends Person{
    private String grade;
    public String getGrade() {
        return grade;
    }
    public void setGrade(String grade){
        this.grade=grade;
    }
    public void print() {
        super.print();
        System.out.println( ",目前我上"+grade);
    }
    //真正实现 learn()方法
    public void learn(){
        System.out.println("1.不迟到、早退、旷课。");
        System.out.println("2.课堂认真学习。");
    }
}
```

接下来修改监督类 Supervisor,把两个监督方法变为一个,如代码 4-9 所示。

```
//代码 4-9
public class Supervisor {
    public void supervise(Person p){
        System.out.println("开始监督 ...");
        p.learn();
    }
}
```

测试方法不用做任何修改,运行测试类(代码 4-5)输出结果如下。

```
开始监督 ...
1.不迟到、早退、旷课。
2.课堂认真学习。
开始监督 ...
1.表达准确。
2.讲解思路清晰！
```

由此可见,修改后的代码解决了前面提到的两个问题。而且使得设计更合理,如果要增加一类教辅人员的监督,那么只要增加教辅人员类,让这个类继承 Person 类,重写

learn()方法,就可以达到目的了。

在上面的督导类中的监督方法 supervise(Person p)中可以看到,这个监督方法所带参数是 Person 对象,在测试类中调用这个方法时给的实际对象是 Teacher 对象和 Student 对象,在运行"p.learn();"语句的时候,Java 虚拟机能够根据实际给出的对象正确找到要执行的方法,也就是说 p 对象实际可以是 Teacher 对象,也可以是 Student 对象,以及所有继承了 Person 类的子类对象,这种现象就叫多态,也就是多种表现形态,p 就有多种表现形态。

多态产生必须有以下条件:①必须有继承;②必须有方法重写;③必须是父类声明,实际是子类对象。

多态使得代码高效重用,也使得系统的可扩展性增强。

4.2 抽 象 类

任务描述

代码 4-6 的 Person 类中有一个方法 learn()没有任何实现,也没有实现它的意义,那么能否去掉 Person 类中的 learn()方法呢? 如果不能,是否可以只声明方法,而不提供实现呢?

任务分析

由上面的知识知道,Person 类中的 learn 方法不能去掉,如果去掉,就没有方法重写了,也不存在多态的使用了。Java 为用户提供了一种类叫做抽象类,抽象类中可以包含抽象方法,抽象方法是无须实现,只要声明就可以的一种方法。

相关知识与实施步骤

1. 通过抽象类优化设计

把代码 4-6 的 Person 类用关键字 abstract 来修饰,把 Person 类中的 learn()方法也用 abstract 来修饰,得到以下代码。

```
//代码 4-10
public abstract class Person {
    private String name;
    private int age;
    private char gender;

    public Person(){
    }

    public String getName() {
        return name;
    }
```

```
    public void setName(String name) {
        this.name=name;
    }
    public int getAge() {
        return age;
    }
    public void setAge(int age) {
        this.age=age;
    }
    public char getGender() {
        return gender;
    }
    public void setGender(char gender) {
        this.gender=gender;
    }
    public void print() {
        System.out.print("我是"+name+",我的年龄是"+age+"岁,我的性别是"+
                         gender);
    }
    //抽象learn方法
    public abstract void learn();
}
```

再次运行测试类(代码4-5),输出结果不变。

开始监督…
1.不迟到、早退、旷课。
2.课堂认真学习。
开始监督…
1.表达准确。
2.讲解思路清晰!

Java语言中,用abstract关键字来修饰一个类时,这个类叫做抽象类,用abstract关键字来修饰一个方法时,这个方法叫做抽象方法。格式如下:

```
abstract class abstractClass{...}                //抽象类
abstract returnType abstractMethod([paramlist]) //抽象方法
```

抽象类必须被继承,抽象方法必须被重写。抽象方法只用声明,无须实现;抽象类不能被实例化,抽象类不一定要包含抽象方法。但若类中包含了抽象方法,则该类必须被定义为抽象类。

Person类用关键字abstract修饰之后,就成了抽象类,抽象类不能被实例化,也就是不能用new Person()得到对象。learn()方法用abstract修饰之后,这个方法就叫做抽象方法,抽象方法没有实现,只有声明,抽象方法必须在子类中被重写,所以Teacher类和Student类只有重写learn方法后,才是可以被实例化的类;如果不重写learn()方法,那么Teacher类和Student类也是抽象类,不能被实例化。

注意:

(1)"public void learn(){}"不是抽象方法,而是有实现但是实现为空的普通方法。

（2）"public abstract void learn();"才是抽象方法，别忘记了最后的分号。

（3）abstract 可以用来修饰类和方法，但不能用来修饰属性和构造方法。

2. 利用父类声明数组实现多态

使用父类作为数组的声明，是 Java 中实现和使用多态的常用方式。下面就通过代码 4-11 进行演示。该示例演示了不同图形计算面积的不同形态。

```java
//代码 4-11
abstract class Shape {
    abstract float area();
}
class Circle extends Shape {
    public int r;
    public Circle(int r) {
        this.r=r;
    }

    public int getR() {
        return r;
    }

    public void setR(int r) {
        this.r=r;
    }

    public float area(){
        float s=(float) (3.14 * r * r);
        System.out.println("半径为"+r+"的圆形面积为："+s );
        return s;
    }
}
class Square extends Shape {
    public int a,b;
    public  Square(int x,int y){
        a=x;
        b=y;
    }

    public float area(){
        float s=(float) (a * b);
        System.out.println("长宽分别为"+a+","+b+"的长方形面积为："+s );
        return s;
    }
}

public class AbstractArray {
    public static void main(String[] args) {
        float mianJi=0;
```

```
//左边是父类,右边赋值是子类
Shape[] s={new Circle(3),new Circle(4), new Circle(5), new Square(1,2),
          new Square(3,4)};
for(int i=0; i<s.length; i++){
    mianJi +=s[i].area();
}
System.out.println("图形总面积为: "+mianJi );
    }
}
```

运行代码 4-11,输出结果如下。

```
半径为 3 的圆形面积为: 28.26
半径为 4 的圆形面积为: 50.24
半径为 5 的圆形面积为: 78.5
长宽分别为 1,2 的长方形面积为: 2.0
长宽分别为 3,4 的长方形面积为: 12.0
图形总面积为: 171.0
```

从上面的执行可以看出,用 s[i].area()在调用类的 area()方法,Java 虚拟机能够动态的根据 s[i]实际是圆形还是长方形来正确找到相应的方法来计算面积。利用继承可以很方便地把 Circle 和 Square 作为同一种类型放在 Shape 类数组中,从而利用运行时多态来计算图形的面积。

本例的扩展性也很强,假如还要增加第三种图形梯形,那么只须增加梯形类,让梯形类继承 Shape 即可,在 Shape 数组中增加梯形实例就可以算出图形的面积。

4.3 父类和子类相互转换

任务描述

通过第 3 章的学习可以知道,如果用如下方式去声明和赋值一个对象,那么对象 p 的属性和方法也仅仅包含在 Person 类中声明的属性和方法,要想使用 Teacher 类中独有的方法,比如 getMajorField()方法是不可以的。是否有办法使用在子类中独有的方法呢?

```
Person p = new Teacher();
```

任务分析

在 Java 中,使用向下转型来使用子类独有的方法。

相关知识与实施步骤

1. 父类到子类的转换

编写测试类代码,如代码 4-12 所示。

```
//代码 4-12
```

```
public class Test2 {
    public static void main(String[] args) {
        Person p=new Teacher();
        p.setName("周杰伦");
        p.setAge(30);
        p.setGender('男');
        //p.setMajorField("Java");//出错,编译不通过,没有定义 setMajorField()方法
        p.print();
    }
}
```

注释掉出错行,运行测试类输出结果如下。

我是周杰伦,我的年龄是 30 岁,我的性别是男,我的授课方向是 null

修改代码 4-12 得到代码 4-13,将 p 对象强制转换为 Teacher 类对象。

```
//代码 4-13
public class Test2 {
    public static void main(String[] args) {
        Person p=new Teacher();
        p.setName("周杰伦");
        p.setAge(30);
        p.setGender('男');
        //强制父类向下转换为子类
        Teacher t=(Teacher)p;
        t.setMajorField("Java");
        t.print();
    }
}
```

再次执行测试类的输出结果如下。

我是周杰伦,我的年龄是 30 岁,我的性别是男,我的授课方向是 Java

从执行结果可以看出,p 对象被强制转换为了 Teacher 并赋值给对象 t,t 对象具备 setMajorField()方法,因此完成了对属性 majorField 的赋值,并输出正确结果。

在 Java 中,子类转型成父类是向上转型,反过来说,父类转型成子类就是向下转型。向下转型必须确定是该类型,比如代码 4-13 中的 p 确实是 Teacher 类对象,假如现在要把 p 对象强制转换为 Student 对象,如图 4-1 所示,程序会出错。

增加了第 14~18 行代码后,程序运行出错,如图 4-2 所示。

因为 p 不是 Student 对象,所以转换出错。

2. instanceof 运算符

在代码 4-13 中进行向下转型时,如果没有转换为真实子类类型,就会出现类型转换异常。如何有效避免出现这种异常呢?Java 提供了 instanceof 运算符来进行类型的判断。其语法如下。

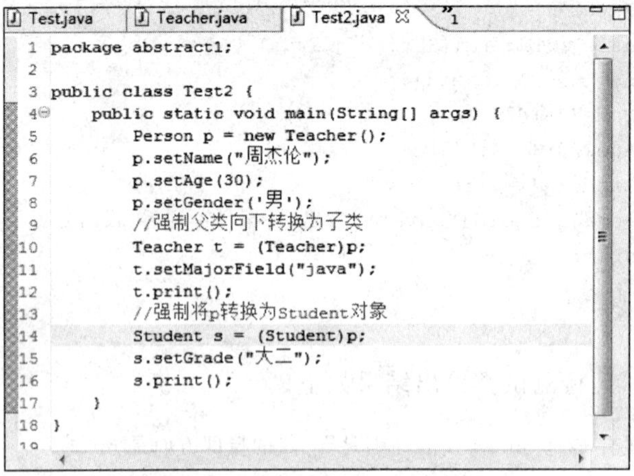

图 4-1   将 p 对象强制转换为 Student 对象

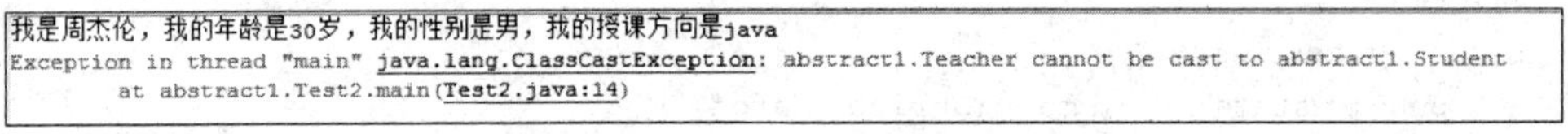

```
我是周杰伦，我的年龄是30岁，我的性别是男，我的授课方向是java
Exception in thread "main" java.lang.ClassCastException: abstract1.Teacher cannot be cast to abstract1.Student
         at abstract1.Test2.main(Test2.java:14)
```

图 4-2   程序运行出错

对象 instanceof 类或接口

该运算符用来判断一个对象是否属于一个类或者实现了一个接口，结果为 true 或 false。在强制类型转换之前通过 instanceof 运算符检查对象的真实类型，然后在进行相应的强制类型转换，这样就可以避免类型转换异常，从而提高代码健壮性。

修改代码 4-13 得到代码 4-14。

```
//代码 4-14
public class Test2 {
    public static void main(String[] args) {
        Person p=new Teacher();
        p.setName("周杰伦");
        p.setAge(30);
        p.setGender('男');
        if(p instanceof Teacher){
            //强制父类向下转换为子类
            Teacher t=(Teacher)p;
            t.setMajorField("Java");
            t.print();
        }else if(p instanceof Student){
            //强制将p转换为Student对象
            Student s=(Student)p;
            s.setGrade("大二");
            s.print();
        }
    }
}
```

再次执行测试类的输出结果如下。

我是周杰伦,我的年龄是 30 岁,我的性别是男,我的授课方向是 Java

通过该示例可以发现,在进行引用类型转换时,首先通过 instanceof 运算符进行类型判断,然后进行相应的强制类型转换,这样可以有效地避免出现类型转换异常。

使用 instanceof 时,对象的类型必须和 instanceof 的第二个参数所指定的类或接口在继承树上有上下级关系,否则会出现编译错误。例如:pet instanceof String,会出现编译错误。

instanceof 通常和强制类型转换结合使用。

本 章 小 结

通过多态可以减少类中代码量,可以提高代码的可扩展性和可维护性。继承是多态的基础,没有继承就没有多态。

把子类转换为父类,称为向上转型,自动进行类型转换。把父类转换为子类,称为向下转型,必须进行强制类型转换。向上转型后通过父类引用变量调用的方法是子类覆盖或继承父类的方法,通过父类引用变量无法调用子类特有的方法。向下转型后可以访问子类特有的方法。必须转换为父类指向的真实子类类型,否则将出现类型转换异常 ClassCastException。

抽象类不能实例化,抽象类中可以没有,也可以有一个或多个抽象方法。子类必须重写所有的抽象方法才能实例化,否则子类还是一个抽象类。

instanceof 运算符通常和强制类型转换结合使用,首先通过 instanceof 进行类型判断,然后进行相应的强制类型转换。

上机练习4

1. 计算交通工具运行 1000 千米需要的时间。

训练要点:

(1) 多态。

(2) 子类重写父类方法。

需求说明:有两种工具 Car007 和 Plane,其中 Car007 的速度运算公式为 AB/C,Plane 的速度运算公式为 $A+B+C$。编写一个通用程序,用来计算每一种交通工具运行 1000 千米所需的时间。

提示:需要编写 3 个类,父类 Common 包含计算速度的方法;Plane 类和 Car007 类都继承 Common 类,重写计算速度方法。最后编写测试类,给出 3 个参数的值,计算出两种交通工具运行 1000 千米需要的时间。

在主方法中产生两种交通工具,如图 4-3 所示。

运行后输出的结果,如图 4-4 所示。

```
public static void main(String[] args) {
    // TODO Auto-generated method stub
    Common c = new Car007(10,10,10);
    System.out.println("Car007运行1000千米需要"+(1000/c.speed())+"小时！");
    c = new Plane(10,10,10);
    System.out.println("Plane运行1000千米需要"+(1000/c.speed())+"小时！");
}
```

图 4-3　在主方法中产生两种交通工具

2. 程序功能扩展。

训练要点：多态的扩展功能。

需求说明：

Car007运行1000千米需要100.0小时！
Plane运行1000千米需要33.333332小时！

图 4-4　运行结果

（1）在第 1 题的基础上，增加第 3 种交通工具 Ship，不必修改以前的任何程序，只需要编写 Ship 继承 Common，重写速度方法，Ship 的速度公式为$(A+B)/C$。在测试类中测试增加 Ship 后是否正确运行。

（2）假设甲地到乙地有 600 千米，某人从甲地到乙地先坐轮船走 200 千米，再坐飞机走 200 千米，最后坐 Car007 走 200 千米，需要多少时间？（用父类声明数组实现）

3. 综合运用面向对象知识。

训练要点：

（1）利用继承优化设计。

（2）利用多态优化设计。

需求说明：在第 2 题的基础上，修改自己的设计，使程序更加灵活，并计算假设甲地到乙地有 3000 千米，某人从甲地到乙地先坐轮船走 500 千米，再坐飞机走 2000 千米，最后坐 Car007 走 500 千米，需要多少时间？（用父类声明数组实现）

提示：在 Common 类中增加属性 length，在 Common 类中增加获取时间方法，这个方法的功能为计算距离行驶 length 距离需要多少时间。类图如图 4-5 所示。

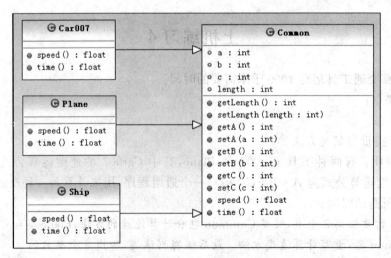

图 4-5　第 3 题类图

测试类如图 4-6 所示。

```
public static void main(String[] args) {
    //上机练习3
    Common[] common = {new Ship(10,10,10,500),new Plane(10,10,10,2000),new Car007(10,10,10,500)};
    float time = 0;
    for(Common co:common){
        time = time +co.time();
    }
    System.out.println("甲地到乙地需要"+time+"小时！");
}
```

图 4-6   测试类

4．抽象类。

训练要点：

（1）抽象类。

（2）抽象方法。

（3）instanceof 运算符。

需求说明：

（1）将 Common 类设置为抽象类，speed()方法和 time()方法都设置为抽象方法，体会抽象类和抽象方法的好处。

（2）图 4-7 所示的程序代码输出什么？

```
Common c = new Ship(10,10,10,500);
if(c instanceof Ship){
    System.out.print("坐轮船！");
}else{
    System.out.print("坐其他交通工具！");
}
```

图 4-7   第 4 题程序代码

习　题　4

一、填空题

1．在 Java 中有两种多态，一种是使用方法的_____实现多态；另一种是使用方法的_____实现多态。

2．抽象类是一种特殊的类，它本身不能够被_____，但可被继承。

3．抽象方法只能存在于抽象类中，抽象方法用关键字_____来修饰。

4．abstract _____（不能或能）与 final 并列修饰同一个类。

二、简答题

1．简述 Java 中多态的概念和作用。

2．简述 Java 中重写与重载的概念及两者的区别。

3．什么是抽象类？抽象类如何定义？有何优点？

三、阅读程序题

1. 将程序补充完整。

```java
import Java.util.Arrays;
public class Testabstract {
    public static void main(String[] args) {
        C c=_____ D();
        c.callme();
        c.metoo();
    }
}


_____ class C {
    abstract void callme();
    void metoo() {
        System.out.println("类 C 的 metoo()方法");
    }
}

class D _____ C {
    void callme() {
        System.out.println("重载 C 类的 callme()方法");
    }
}
```

2. 阅读下面的程序,修改程序中编译错误的地方。

```java
interface Shape{
    double PI;
    public double area();
    public double perimeter();
}
class Cycle extends Shape{
    private double r;
    public Cycle(double r){
        this.r=r;
    }
    double area(){
        System.out.println(PI * r * r);
    }
}
public class Test{
    public static void main(String args[]){
        Cycle c=new Cycle(1.5);
        System.out.println("面积为: "+c.area());
    }
}
```

四、编程题

1. 编写一个抽象类：图形类 Shape，其中定义 computeArea(float r)抽象方法；编写它的两个子类，分别是正方形 Square，圆 Circle，在其中实现对父类抽象方法的重写；编写测试类 Test，用父类对象的引用指向子类对象实例，用该引用去调用相应的方法，查看输出结果。

2. 编写一个抽象类：职员 Employee，其中定义 showSalary(int s)抽象方法；编写 Employee 的两个子类，分别是销售员 Sales 和经理 Manager，分别在子类中实现对父类抽象方法的重写，并编写测试类 Test 查看输出结果。

第 5 章

接口、常用修饰符和包

本章首先介绍接口，以进一步理解多态；然后介绍常用的 Java 修饰符和包。

Java 不支持多继承，也就是说子类只能有一个父类，有时需要使用其他类中的方法，但又无法直接继承，接口技术解决了这一问题。

技能目标

学习使用接口。

理解面向接口编程。

理解 final 和 static 修饰符的使用。

了解其他限定符。

理解包的作用。

5.1 接口的定义与使用

任务描述

在生活中，比较常见的接口就是 USB 接口了，现在大部分的鼠标、键盘、U 盘等都统一使用 USB 接口，那么 USB 接口是如何做到无论插入什么设备都可以直接使用的呢？

任务分析

接口是程序中的一种规范，它只是起规范的作用，比如 USB 3.0 接口规范由 Promoter Group 宣布，该组织负责制定的新一代 USB 3.0 标准已经正式完成并公开发布。但 Promoter Group 并不生产 USB 接口的产品，所以接口可以理解为一种标准。

相关知识与实施步骤

1. 接口是一种规范

下面用接口来简单定义 USB 规范。

```
//代码 5-1
public interface USB {
    void init();
    void start();
    void end();
}
```

从以上代码可以看出，接口是通过关键字 interface 来创建的，接口中的方法都是没有实现的抽象方法。上面的 USB 接口定义了 3 个方法，虽然在方法前面没有加关键字 abstract，但是从没有方法实现来看，这 3 个方法都是抽象方法，只不过在接口中定义的方法都是抽象的，所以关键字 abstract 可以省略。

接下来利用定义好的 USB 接口来规范实现类，分别实现 U 盘、手机和相机。

U 盘实现 USB 接口规范的代码如下。

```
//代码 5-2
public class Udisc implements USB {
    @Override
    public void end() {
        System.out.println("U 盘停止工作!\n");
    }
    @Override
    public void init() {
        System.out.println("正在初始化 U 盘...");
    }
    @Override
    public void start() {
        System.out.println("U 盘开始工作...");
    }
}
```

手机实现 USB 接口规范的代码如下。

```
//代码 5-3
public class IPhone implements USB {
    @Override
    public void end() {
        System.out.println("手机已被拔出!\n");
    }
    @Override
    public void init() {
        System.out.println("正在连接手机...");
    }
    @Override
    public void start() {
        System.out.println("可以为手机导入导出文件了...");
    }
}
```

相机实现 USB 接口规范的代码如下。

```
//代码 5-4
public class Camera implements USB {
    @Override
    public void end() {
        System.out.println("相机停止工作!\n");
    }
    @Override
    public void init() {
        System.out.println("正在初始化相机...");
    }
    @Override
    public void start() {
        System.out.println("相机开始工作...");
    }
}
```

最后,把这几个实现了 USB 接口的类都放到 Computer 类中去测试,代码如下。

```
//代码 5-5
public class Computer {
    public static void main(String[] args) {
        USB[] u={new Udisc(),new IPhone(),new Camera()};
        for(Usb usb : u){
            usb.init();
            usb.start();
            usb.end();
        }
    }
}
```

输出结果如下。

正在初始化 U 盘...
U 盘开始工作...
U 盘停止工作!

正在连接手机...
可以为手机导入导出文件了...
手机已被拔出!

正在初始化相机...
相机开始工作...
相机停止工作!

上面的代码实现了 USB 接口,并且也实现了 USB 接口插什么就能读什么的功能,在
"USB[] u={new Udisc(),new IPhone(),new Camera()};"这个声明中,左边是 USB 接
口声明,右边是实现了这个接口的类,在调用这些类的 usb. init()、usb. start()、usb. end()
方法时,都能正确找到实现类的方法来执行,这个其实也是上一单元讲过的多态,只不过
这里是使用接口实现的。

接口是给出一些没有内容的方法,封装在一起,到某个类要使用的时候,再根据具体的情况把这些方法写出来。接口的定义如下。

```
[修饰符] interface 接口名 [extends 父接口名列表]{
    [public] [static] [final] 常量;
    [public] [abstract] 方法;
}
```

参数说明如下。

(1) 修饰符:可选,用于指定接口的访问权限,可选值为 public。如果省略则使用默认的访问权限。

(2) 接口名:必选参数,用于指定接口的名称,接口名必须是合法的 Java 标识符。一般情况下,要求首字母大写。

(3) extends 父接口名列表:可选参数,用于指定要定义的接口继承于哪个父接口,可以继承多个接口,多个接口中间用逗号","隔开。当使用 extends 关键字时,父接口名为必选参数。

(4) 常量:接口中定义的变量都自动由 public static 和 final 修饰,这就是常量,Java 中经常把常量定义在接口中,3 个修饰符可以省略,省略与不省略都默认由这 3 个修饰符修饰。

(5) 方法:接口中的方法只有定义而没有被实现。public 和 abstract 可以省略,省略与不省略接口中的方法都由这两个修饰符修饰。

当类实现接口时使用关键字 implements。一个类可以实现多个接口,多个接口中间也用逗号隔开。实现接口的这个类必须实现该接口的所有方法,否则这个类就是一个抽象类。

注意:

(1) 接口不能被实例化,接口中所有的方法都不能有方法主体。

(2) 一个类可以实现多个接口。

(3) 接口中可以有变量但是不能用 private protected 修饰,可以把经常用的变量定义在接口中,作为全局变量使用。

(4) 接口不能继承其他的类,但是可以继承别的接口。

(5) 接口是更加抽象的抽象类,接口体现了程序设计的多态和高内聚低耦合的设计思想。

2. 接口与抽象类的区别和联系

假设现在学校需要找一个老师或者学生兼职为领导开车,那么怎么设计呢?学生类和教师类在前面的单元已经给出,要设计出什么样的人可以开车。大家知道,只要有驾照的人,都可以开车,那么就可以把有驾照设计为一个接口。

```
//代码 5-6
public interface Driver {
    void getLicence();
}
```

学生司机的实现类代码如下。

```
//代码 5-7
public class StudentDriver extends Student implements Driver {
    @Override
    public void getLicence() {
        System.out.print("我是"+this.getGrade()+"的学生,我有驾照,我可以开车!");
    }
}
```

教师司机的实现类代码如下。

```
//代码 5-8
public class TeacherDriver extends Teacher implements Driver {
    @Override
    public void getLicence() {
        System.out.print("我是"+this.getMajorField()+"老师,我有驾照很多年了,我
                可以开车!");
    }
}
```

最后给车类设置司机并开车,代码如下。

```
//代码 5-9
public class Car {
    private Driver driver;
    public void setDriver(Driver driver){
        this.driver=driver;
    }
    public void go(){
        driver.getLicence();
        System.out.println("开车了!");
    }
    public static void main(String[] args) {
        Driver d=new StudentDriver();
        Car car=new Car();
        car.setDriver(d);    //设置学生司机
        car.go();

        d=new TeacherDriver();
        car.setDriver(d);    //设置教师司机
        car.go();
    }
}
```

运行代码 5-9,输出结果如下。

我是大二的学生,我有驾照,我可以开车!开车了!
我是 Java 老师,我有驾照很多年了,我可以开车!开车了!

从上面的例子可以看出,Driver 必须设计成接口,而不能设计为抽象类,因为 Java 只能单继承,StudentDriver 继承了 Student 类,就不可能再继承其他类了。另外,驾驶汽车

属于一种技能,只要有驾照的人都具备这种技能,从现实生活中来看也不应该设计为类。

Car 的对象并不关心这个司机到底是干什么的,他们的唯一共同点是领取了驾照(都实现了 Driver 接口)。这个是接口最强大的地方,也是抽象类所无法比拟的。

总结:

(1) 从类的层次结构上看,抽象类是在层次的顶端,但在实际的设计当中,一般来说抽象类应当是优化设计的时候才会出现。为什么? 因为实际上抽象类的获取有点像数学中的提取公因式:$ax+bx$,x 就是抽象类,如果没有前面的式子,怎么知道 x 是不是公因式呢? 这点也符合人们认识世界的过程:先具体后抽象。因此在设计过程中如果得到大量的具体概念并从当中找到其共性时,这个共性的集合就是抽象类。

(2) interface 从表面上看和抽象类很相似,但用法完全不同。它的基本功能就是把一些毫不相关的类(概念)集合在一起形成一个新的、可集中操作的"新类"。上面的例子就是如此,"司机",谁可以当司机? 谁都可以,只要领取了驾照。所以不管是学生、老师、白领、蓝领还是老板,只要有驾照就可以当司机。

(3) 抽象类是提取具体类的公因式,而接口是为了将一些不相关的类"杂凑"成一个共同的群体。通常程序员须在平时养成的良好习惯就是多用接口,毕竟 Java 是单继承。

5.2 static 和 final 修饰符

任务描述

Java 中如何表示常量,如圆周率 π 这样基本保持不变的值?

任务分析

Java 中可以用 final 和 static 两个关键字同时修饰一个类属性或者接口属性,这样的属性只能赋值一次,以后都不许改变。

相关知识与实施步骤

1. final

final 可以修饰类、属性和方法。

(1) 修饰属性和局部变量。修饰属性和局部变量的时候,属性和局部变量变为常量,只能赋值一次。修饰属性时,定义时同时给出初始值,而修饰局部变量时不做要求。

```
//代码5-10
public class Testfinal {
    private final float pi=3.141592f;
    public static void main(String[] args) {
        Testfinal tf=new Testfinal();
        //tf.pi =3.1f;//必须注释掉,否则出错
```

```
        System.out.println(tf.pi);
        final int i=10;
        //i=11;          //必须注释掉,否则出错
        System.out.println(i);
    }
}
```

输出结果如下。

```
3.141592
10
```

（2）修饰方法。说明这个方法在继承中不可以被改写。

```
//代码 5-11
class A{
    public   final void method(){
    }
}
public class TestfinalMethod extends A{
    public void method(){                    //错误,method方法不能被改写
    }
}
```

（3）修饰类。说明这个类不能被继承。

```
//代码 5-12
final class A{
    public   final void method(){
    }
}
public class TestfinalMethod extends A{        //错误,类A不能被继承
    public void method(){
    }
}
```

总结：

（1）final 修饰成员变量。final 修饰变量,则成为常量,修饰成员变量时,定义时同时给出初始值,而修饰局部变量时不做要求。

（2）final 修饰成员方法。final 修饰方法,则该方法不能被子类重写。

（3）final 修饰类。final 修饰类,则类不能被继承。

2. static

用 static 关键字可以修饰类的属性和类的方法,修饰后的属性和方法叫做类属性（类变量）和类方法。

（1）实例变量和类变量

实例变量必须通过对象名称访问,类变量通过类名字就可以访问,当然也可以通过对象名访问,但一般要求用类名称访问。

```
//代码 5-13
class Dog{
    static int legNum;        //类变量,一般用于所有的实例对象都一样的值的情况
    int age;                  //实例变量
}
public class TestStaticVariable {
    public static void main(String[] args) {
        Dog.legNum=4;
        //所有的狗都是4条腿,所以可以用类变量来表示,legNum属性可以通过Dog类名访问
        System.out.println("所有的狗都有"+Dog.legNum+"条腿!");

        Dog huanhuan=new Dog();
        huanhuan.age=3;      //age属性必须通过实例对象名huanhuan才能访问
        System.out.println("欢欢今年"+huanhuan.age+"岁!"+"欢欢有"
                            +huanhuan.legNum+"条腿!");
    }
}
```

运行上述代码,输出结果如下。

所有的狗都有 4 条腿!
欢欢今年 3 岁!欢欢有 4 条腿!

从上面实例可以看出,legNum 变量属于类变量,可以用 Dog 类名访问,在主方法中
通过"Dog. legNum = 4;"赋值后,后面用 huanhuan
这个对象来访问 legNum 属性时,得到的值也是4。
所以类变量的特点是:所有对象和类共同拥有这个
属性,而不是像实例变量那样,每个实例对象拥有
自己的变量,如图 5-1 所示。

从图 5-1 中可以看出,每个对象的实例变量都
分配内存,通过该对象来访问这些实例变量时,不
同的实例变量是不同的。

类变量仅在生成第一个对象时分配内存,所有
实例对象共享同一个类变量,每个实例对象对类变
量的改变都会影响到其他的实例对象。类变量可
通过类名直接访问,无须先生成一个实例对象,也
可以通过实例对象访问类变量。

图 5-1 类属性和实例属性

(2)实例方法和类方法

实例方法可以对当前对象的实例变量进行操作,也可以对类变量进行操作,实例方法
由实例对象调用。

但类方法不能访问实例变量,只能访问类变量。类方法可以由类名直接调用,也可由
实例对象进行调用。类方法中不能使用 this 或 super 关键字。

```
//代码 5-14
class Dog {
```

```
    static int legNum;
    int age;
    public static void walk(){
        legNum=4;              //类方法访问类变量
        System.out.println(legNum+"条腿走路!");
        //age=6;               //不能在类方法中访问实例变量
    }
    public  void eat(){
        age=6;                 //实例变量只能在实例方法中访问
        System.out.print("狗狗"+age+"岁了!");
        System.out.println(legNum+"条腿走路!");//可以在实例方法中访问类属性
    }
}

public class TestStaticVariable {
    public static void main(String[] args) {
        Dog.walk();            //walk方法用类名直接访问
        Dog huanhuan=new Dog();
        huanhuan.eat();        //eat方法必须通过实例对象名huanhuan才能访问
    }

}
```

输出结果如下。

4 条腿走路!
狗狗 6 岁了!4 条腿走路!

从上例中可以看出,walk()方法是类方法,可以访问类变量,但是不可以访问实例变量;eat()方法是实例方法,可以访问两种变量。在 main()方法中,walk()方法可以用类名访问,而 eat()方法只能通过对象名来访问。

提问:在 Dog 类中,eat()方法和 walk()方法可以互相访问吗?

提示:在 Java 中,一般定义常量会同时使用 static 和 final,通常常量放在接口中定义。放在接口中定义可以省略写 public static final,因为在接口中定义属性默认就有这 3 个修饰限定符修饰。在类中定义常量必须写明 public static final。

5.3　其他修饰符

任务描述

在 Java 中,常见的修饰符还有 4 种:public、protected、friendly(默认省略)和 private,它们修饰类的方法和属性时有什么不同呢?

任务分析

这 4 种修饰符又叫限定符,是根据需要设置不同的访问权限。

相关知识与实施步骤

4 种修饰符的区别与联系

（1）private

类中限定为 private 的成员，只能被这个类本身访问。

如果一个类的构造方法声明为 private，则其他类不能生成该类的一个实例。

（2）friendly

类中不加任何访问权限限定的成员属于默认的（friendly）访问状态，可以被这个类本身和同一个包中的类所访问。

（3）protected

类中限定为 protected 的成员，可以被这个类本身、它的子类（包括同一个包中以及不同包中的子类）和同一个包中的所有其他的类访问。

（4）public

类中限定为 public 的成员，可以被所有的类访问。

表 5-1 列出了这些限定词的作用范围。

表 5-1 Java 中类的限定词的作用范围比较

限定词 \ 范围	同一个类	同一个包	不同包的子类	不同包非子类
private	√			
friendly	√	√		
protected	√	√	√	
public	√	√	√	√

5.4 包

任务描述

在 Java 中，如果类名相同该怎么处理？

任务分析

类名相同的文件可以放在不同的文件夹中，解决文件同名的冲突。Java 采用包来解决类同名问题。

相关知识与实施步骤

打包与导入包

（1）package（打包）

格式：

```
package <包名>
```

说明:

① 声明包语句必须添加在源程序的第一行,表示该文件的全部类都属于这个包。

② 包名是全小写的名词,中间可以由点分隔开,如 Java. awt. event。

③ 创建好的包经过编译,直接对应文件夹。

```
//代码 5-15
package kgy.jsj.yx;
public class TestPackage {
}
```

那么这个类 TestPackage 就被存放在文件夹 kgy\jsj\yx 下面,如图 5-2 所示。

(2) import(导入包)

格式:

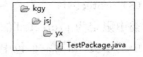

图 5-2　包和文件夹的对应关系

```
import <包名 1>[.<包名 2>...] .<类名>|*
```

说明:

① 如果有多个包或类,用“.”分割,“*”表示包中所有的类。

② Java. lang 包是系统自动隐含导入的。

③ 如果在其他包中要使用 TestPackage 类,那么必须先导入才可以。

```
//代码 5-16
package school;
import kgy.jsj.yx.TestPackage;
public class TestImport {
    TestPackage tp=new TestPackage();
}
```

上面的 testImport 类打包在了 school 中,如果要使用 TestPackage 类,必须使用 import kgy. jsj. yx. TestPackage;导入这个类,或者使用 import kgy. jsj. yx. *;导入这个包下面的所有类,然后才可以使用这个类。

本 章 小 结

接口是 Java 中实现多继承的重要手段,接口可以使 Java 的代码更规范,从而实现“对扩展开放,对修改关闭”的开发原则。Java 又叫面向接口编程。

static 和 final 可以一起使用来定义一个常量,也可以分开使用。static 可以修饰属性和方法,final 可以修饰类、属性和方法。

Java 中的其他限定符是为属性的访问范围设定的,常用的是 public 和 private。

上机练习5

1. 使用接口实现打印机。

训练要点：

（1）接口表示一种规范。

（2）打包和导入包。

需求说明：打印机需要墨盒和纸张才能真正打印，请将墨盒和纸张定义为接口，然后在打印机中组装，最后用打印机打印内容。把它们分别打入不同的包。

提示：如下是 Paper 接口和 Ink 接口，然后分别有两个实现类，如图 5-3 和图 5-4 所示。

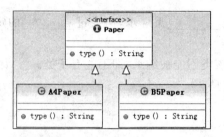

图 5-3　Paper 接口和它的实现类

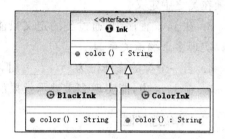

图 5-4　Ink 接口和它的实现类

Printer 类由 Paper 接口和 Ink 接口组成，并且具有自己的打印方法，如图 5-5 所示。

最后，在 main 方法中先产生 Paper 和 Ink 对象，组装到 Printer 之后就可以打印了，如图 5-6 所示。

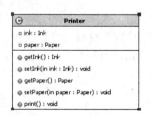

图 5-5　打印机类的构成

图 5-6　主方法中组装不同的打印机进行打印

2. static 和 final 的使用。

训练要点：static 和 final 的使用。

需求说明：

（1）使用 static 定义属性和方法。

（2）使用 final 定义属性、方法和类。

（3）使用 static 和 final 一起定义常量并使用。

（4）回答代码 5-14 的问题：在 Dog 类中，eat 方法和 walk 方法可以互相访问吗？

3. public、protected、friendly（默认省略）和 private 的使用。

训练要点：public、protected、friendly（默认省略）和 private 的使用规则。

需求说明：自己设计并测试这 4 种访问修饰符的修饰限制。

习　题　5

一、填空题

1. 接口中所有的属性均为_____、_____和_____的。

2. _____方法是一种仅有方法声明，没有具体方法体和操作实现的方法，该方法必须在类之中定义。

3. 在 Java 程序中，通过类的定义只能实现_____重继承，但通过_____的定义可以实现多重继承关系。

4. 当一个类的修饰符为_____时，说明该类不能被继承，即不能有子类。

5. 在 Java 中，能实现多重继承效果的方式是_____。

二、单项选择题

1. 关键字（　　）表明一个对象或变量在初始化后不能修改。

　　A. extends 　　　　B. final 　　　　C. this 　　　　D. finalize

2. 定义类 A 如下。

```
class A{
  int a,b,c;
  public void B(int x,int y, int z){ a=x;b=y;c=z;}
}
```

下面对方法 B 的重载正确的是（　　）。

　　A. public void A(int x1,int y1, int z1){a＝x1;b＝y1;c＝z1;}

　　B. public void B(int x1,int y1, int z1){a＝x1;b＝y1;c＝z1;}

　　C. public void B(int x,int y){a＝x;b＝y;c＝0;}

　　D. public B(int x,int y, int z){a＝x;b＝y;c＝z;}

3. 编译运行下面的程序，结果是（　　）。

```
public class A{
  public static void main(String args[]){
    B b=new B();
    b.test();
  }
  void test(){
    System.out.print("A");
  }
```

```
}
class B extends A{
  void test(){
    super.test();
    System.out.print("B");
  }
}
```

  A. 产生编译错误

  B. 代码可以编译运行,并输出结果:AB

  C. 代码可以编译运行,但没有输出

  D. 编译没有错误,但会产生运行时异常

4. 接口是 Java 面向对象的实现机制之一,以下说法正确的是(　　)。

  A. Java 支持多重继承,一个类可以实现多个接口

  B. Java 只支持单重继承,一个类可以实现多个接口

  C. Java 只支持单重继承,一个类可以实现一个接口

  D. Java 支持多重继承,但一个类只可以实现一个接口

5. 下面(　　)包是编程时不需要导入就可以直接使用的。

  A. Java. net   B. Java. lang   C. Java. sql   D. Java. util

6. 能作为类的修饰符,也能作为类成员的修饰符的是(　　)。

  A. public   B. extends   C. Float   D. static

7. 关于接口的定义和实现,以下描述正确的是(　　)。

  A. 接口定义的方法只有定义没有实现

  B. 接口定义中的变量都必须写明 final 和 static

  C. 如果一个接口由多个类来实现,则这些类在实现该接口中的方法时采用统一的代码

  D. 如果一个类实现接口,则必须实现该接口中的所有方法,但方法未必申明为 public

三、阅读程序题

1. 下面是定义一个接口 ITF 的定义,完成程序填空。

```
public _____ ITF {
  public static final double PI=Math.PI;
  public _____ double area(double a, double b); }
```

2. 下面是一个接口 A 的定义,完成程序填空。

```
public  interface  A {
public static _____ double PI=3.14159;
public abstract double area(double a, double b)_____ }
```

四、编程题

1. 创建一个名称为 Vehicle 的接口,在接口中添加两个带有一个参数的方法 start()

和 stop()。在两个名称分别为 Bike 和 Bus 的类中实现 Vehicle 接口。创建一个名称为 interfaceDemo 的类,在 interfaceDemo 的 main()方法中创建 Bike 和 Bus 对象,并访问 start()和 stop()方法。

2. 创建一个接口 IShape,接口中有一个求面积的抽象方法 public double area()。定义一个正方形类 Square,该类实现了 IShape 接口。Square 类中有一个属性 a 表示正方形的边长,在构造方法中初始化该边长。定义一个主类,在主类中,创建 Square 类的实例对象,求该正方形对象的面积。

第6章

异　常

本章介绍什么是Java异常、异常的产生和处理方法，以及如何自定义异常。

异常就是在程序的运行过程中所发生的不正常事件，它中断程序的正常执行。Java提供了一种独特的异常处理机制，通过异常来处理程序设计中出现的错误。

技能目标

正确地使用捕获异常和声明抛出异常的两种异常处理的方法。

理解Java中两种异常处理机制，抛出异常和声明抛出异常的区别与联系。

了解自定义异常。

6.1　异常的产生

任务描述

在生活中，人们也经常会遇见异常，比如某同学生病了，不能坚持上课，就是出现了异常。程序在正常情况下，一直运行下去，但是如果发生了不正常的情况，程序该如何处理呢？

任务分析

上面说到的案例中，正常的"上课"程序是：老师上课，学生听课，但难免会遇到特殊情况，比如学生生病了（异常），那么就要先处理异常，让生病的学生回去休息，这就是异常的处理。处理完了异常，其他同学继续上课，这就是程序处理完异常继续运行。所以在Java程序中，如果出现了异常，程序也要先去处理异常，然后再进行后续程序。

相关知识与实施步骤

程序中的异常

运行以下程序。

```
//代码6-1
import Java.util.Scanner;
```

```
public class TestException {
    public static void main(String arg[]){
        Scanner input=new Scanner(System.in);
        int a ,b;
        System.out.println("输入被除数：");
        a=input.nextInt();
        System.out.println("输入除数：");
        b=input.nextInt();
        System.out.println("两数相除结果为："+a/b);
    }
}
```

运行上面的代码有 3 种情况。

（1）正常输入输出，运行结果如下。

输入被除数：

7

输入除数：

2

两数相除结果为：3

（2）输入数据不是整数，输出结果如下。

输入被除数：

w

Exception in thread "main" Java.util.InputMismatchException

（3）输入被除数是 0，输出结果如下。

输入被除数：

5

输入除数：

0

Exception in thread "main" Java.lang.ArithmeticException: / by zero

从上面的 3 种输入输出情况可以看出，如果程序正常输入，那么程序输出想要的结果，给出正常输出。但天有不测风云，人有旦夕祸福，Java 的程序代码也如此。如果用户在输入数据的时候，不小心输入了字母，或者输入除数的时候，不小心输入了 0，那么程序都会得到不友好的输出，这不是想要的结果。这种情况该怎么避免或者处理呢？

6.2 异常的处理

任务描述

在代码 6-1 中，可以看到如果输入的数据不正确，Java 虚拟机就会输出程序员不想要的结果。如何避免这种不友好的程序输出结果呢？

任务分析

Java 中有一种异常处理机制,就是事先确定好可能会发生的异常,然后事先就进行处理。

相关知识与实施步骤

1. try 和 catch

程序出错误一般用户可以接受,但是必须告诉用户为什么出错或者出现这个错误下次该怎么办。所以必须提前考虑到如果用户输入不正确,程序会出现的问题,并在出问题后给以正确的解释。在编程过程中,首先应当尽可能去避免错误和异常发生,对于不可避免、不可预测的情况则要考虑在异常发生时如何处理。

在代码 6-1 中,从输出结果(2)和(3)来看,可能会产生两种异常:InputMismatchException(输入不匹配异常)和 ArithmeticException:/ by zero(算术异常:除数为零),那么,可以通过异常处理方法 try...catch 来进行处理,如代码 6-2 所示。

```
//代码 6-2
import Java.util.Scanner;

public class TestException2 {
    public static void main(String arg[]) {
        Scanner input=new Scanner(System.in);
        int a, b;
        try{
            System.out.println("输入被除数: ");
            a=input.nextInt();
            System.out.println("输入除数: ");
            b=input.nextInt();
            System.out.println("两数相除结果为: "+a / b);
        }catch(InputMismatchException e){
            System.out.println("你输入的不是数字,这里必须输入数字!");
        }

    }
}
```

输出结果仍然分以下几种情况。

(1) 正常输入输出,运行结果如下。

输入被除数:
5
输入除数:
2
两数相除结果为: 2

(2) 如果输入不是数据,输出结果如下。

输入被除数：

y

你输入的不是数字，这里必须输入数字！

或者第一个输入的是数据，第二个输入的不是数据，同样也会有个友好的提示，如下所示。

输入被除数：

6

输入除数：

e

你输入的不是数字，这里必须输入数字！

在代码 6-2 中可以看到，增加了异常处理语句 try 和 catch，把可能出现异常的代码放置在 try 代码块中，让程序试着去运行这段代码，如果正常运行，那么和不加 try 没有区别。但是一旦程序遇到异常，比如在输出结果（2）中，输入不是数字的情况下，程序结果应输出"你输入的不是数字，这里必须输入数字！"而不是像代码 6-1 那样显示用户看不懂的输出结果 Exception in thread "main" Java.util.InputMismatchException。这样的处理结果让用户满意很多，知道是由于自己输入错误引起的程序结束。try 和 catch 的用法如下。

```
try{
    //程序试着去执行的代码,这段代码可能出错
}catch(异常类 变量名){
    //如果出现了异常类,要执行的代码块
}
```

catch 后面和带参数的方法一样，首先是异常类名称，然后是异常类对象，在 catch 代码块中可以使用这个对象。当执行 try 中的语句发生异常时，Java 虚拟机就在这条语句上抛出一个异常，随即到 catch 中去寻找是否有和这个异常类匹配的异常，如果匹配成功，那么就执行 catch 代码块，匹配不成功，那么由 Java 虚拟机来处理异常。

提示：Java 中的异常用对象来表示。Java 对异常的处理是按异常分类处理的。不同异常有不同的分类，每种异常对应一个类型（class），每个异常都对应一个异常（类的）对象。

异常类有两个来源：一是 Java 语言本身定义的一些基本异常类型；二是用户通过继承 Exception 类或者其子类自己定义的异常。Exception 类及其子类是 Throwable 的一种形式，它指出了合理的应用程序想要捕获的条件。

异常的对象也有两个来源：一是 Java 运行时环境自动抛出系统生成的异常，而不管用户是否愿意捕获和处理，它总要被抛出，比如除数为 0 的异常。二是程序员自己抛出的异常，这个异常可以是程序员自己定义的，也可以是 Java 语言中定义的，用 throw 关键字抛出异常，这种异常常用来向调用者汇报异常的一些信息。

2. 多重 catch 块

在代码 6-2 中，如果输入除数为零，程序执行结果会怎样呢？

再次运行代码 6-2,输出结果如下。

```
输入被除数:
5
输入除数:
0
Exception in thread "main" Java.lang.ArithmeticException: / by zero
    at TestException2.main(TestException2.Java:13)
```

很显然,在 try 中产生了异常,但是当寻找匹配的 catch 块时却没找到,所以这次异常仍然是由 Java 虚拟机处理的。如果用户想自己来处理,输出友好的错误提示信息,那么可以在 catch 后面再增加一个 catch,如代码 6-3 所示。

```java
//代码 6-3
public class TestException3 {
    public static void main(String arg[]) {
        Scanner input=new Scanner(System.in);
        int a, b;
        try{
            System.out.println("输入被除数: ");
            a=input.nextInt();
            System.out.println("输入除数: ");
            b=input.nextInt();
            System.out.println("两数相除结果为: "+a / b);
        }catch(InputMismatchException e){
            System.out.println("你输入的不是数字,这里必须输入数字!");
        }catch(ArithmeticException e){
            System.out.println("输入错误,除数为零了");
            System.out.println(e.getMessage());
        }

    }
}
```

运行并输出,结果如下。

```
输入被除数:
9
输入除数:
0
输入错误,除数为零了
/ by zero
```

上面的例子表明:在 try 中产生异常后,直接跳转到 catch 块去匹配执行,匹配成功后就执行相应的 catch 代码块。

try 后面可以跟多个 catch,但是 catch 要注意顺序,必须把子类异常放前,父类异常放在后面,否则程序出现编译错误。一般情况下,会在所有 catch 最后面加上下面这段代码,以保证所有的异常都能捕获。

```
catch(Exception e){
      System.out.println("程序出错了!");
}
```

因为 Exception 是 Java 中所有异常类的父类,所以增加这段代码后,如果前面所有异常类都没有匹配成功,那么就会成功匹配 Exception 异常类。

3. finally

每个 try 语句至少要有一个与之相匹配的 catch 子句或 finally 子句。finally 语句是在任何情况下都必须执行的代码,这样可以保证那些必须执行的代码的可靠性。比如,在数据库查询异常的时候,应该释放 JDBC 连接等。finally 语句先于 return 语句执行,而不论其先后位置,也不管是否 try 块出现异常。finally 语句唯一不被执行的情况是方法执行了 System. exit()方法。System. exit()的作用是终止当前正在运行的 Java 虚拟机。finally 语句块中不能通过给变量赋新值来改变 return 的返回值,也建议不要在 finally 块中使用 return 语句,没有意义还容易导致错误。请看代码 6-4。

```
//代码 6-4
import Java.util.InputMismatchException;
import Java.util.Scanner;

public class TestException4 {
    public static void main(String arg[]) {
        Scanner input=new Scanner(System.in);
        int a, b;
        try{
            System.out.println("输入被除数: ");
            a=input.nextInt();
            System.out.println("输入除数: ");
            b=input.nextInt();
            System.out.println("两数相除结果为: "+a / b);
        }catch(InputMismatchException e){
            System.out.println("你输入的不是数字,这里必须输入数字!");
        }catch(ArithmeticException e){
            System.out.println("输入错误,除数为零了");
            System.out.println(e.getMessage());
        }catch(Exception e){
            System.out.println("程序出错了!");
        }finally{
            System.out.println("无论出现异常与否,都会执行这里!");
        }
    }
}
```

执行代码 6-4,无论 try 块中是否出现异常,都会输出"无论出现异常与否,都会执行这里!"。也就是说,finally 块中的代码块始终都会执行。

异常处理的语法规则总结如下。

（1）try 语句不能单独存在，可以和 catch、finally 组成 try…catch…finally、try…catch、try…finally 3 种结构，catch 语句可以有一个或多个，finally 语句最多一个，try、catch、finally 这 3 个关键字均不能单独使用。

（2）try、catch、finally 三个代码块中变量的作用域分别独立而不能相互访问。如果要在 3 个块中都可以访问，则需要将变量定义到这些块的外面。

（3）有多个 catch 块的时候，Java 虚拟机匹配到其中一个异常类或其子类后，就会执行这个 catch 块，而不再执行别的 catch 块。

4．throws

上面添加 try、catch 和 finally 块处理异常是一种积极做法，有些异常产生时，用户可能没办法处理或者暂时不想处理，那么可以在方法头上增加 throws 语句来放弃在本方法中处理。比如用户不想处理代码 6-1 中的异常，那么就可以在方法声明部分加入 throws 代码。

```
//代码 6-5
import Java.util.InputMismatchException;
import Java.util.Scanner;

public class TestException5 {
    public static void main(String arg[]) throws InputMismatchException,
            ArithmeticException, Exception {
        Scanner input=new Scanner(System.in);
        int a, b;

        System.out.println("输入被除数：");
        a=input.nextInt();
        System.out.println("输入除数：");
        b=input.nextInt();
        System.out.println("两数相除结果为："+a / b);
    }
}
```

throws 可以同时抛出多个异常，中间用“，”隔开。如果每个方法都是简单地抛出异常，那么在方法调用方法的多层嵌套调用中，Java 虚拟机会从出现异常的方法代码块中往回找，直到找到处理该异常的代码块为止。然后将异常交给相应的 catch 语句处理。如果 Java 虚拟机追溯到方法调用栈最底部的 main() 方法时，仍然没有找到处理异常的代码块，将按照下面的步骤处理。

（1）调用异常的对象的 printStackTrace() 方法，打印方法调用栈的异常信息。

（2）如果出现异常的线程为主线程，则整个程序运行终止；如果非主线程，则终止该线程，其他线程继续运行。

通过分析思考可以看出，越早处理异常消耗的资源和时间越少，产生影响的范围也越小。因此，不要把自己能处理的异常也抛给调用者。这是一种不积极的处理异常方式，不提倡这种做法。

6.3　异常的原理

任务描述

异常是如何产生并捕获的呢？

任务分析

在 Java 中,程序运行到 try 块的时候,如果遇到异常,Java 虚拟机就自动在这条语句上产生该异常类对象,然后抛出,再由 Java 虚拟机去匹配 catch 块中的异常类,匹配成功就执行相应的 catch 语句块。

相关知识与实施步骤

1. 异常产生的过程

下面再来分析代码 6-4 的运行过程,如图 6-1 所示。

```
1  import java.util.InputMismatchException;
2  import java.util.Scanner;
3
4  public class TestException4 {
5      public static void main(String arg[]) {
6          Scanner input = new Scanner(System.in);
7          int a, b;
8          try{
9              System.out.println("输入被除数: ");
10             a = input.nextInt();
11             System.out.println("输入除数: ");
12             b = input.nextInt();
13             System.out.println("两数相除结果为: " + a / b);
14         }catch(InputMismatchException e){
15             System.out.println("你输入的不是数字，这里必须输入数字！");
16         }catch(ArithmeticException e){
17             System.out.println("输入错误，除数为零了");
18             System.out.println(e.getMessage());
19         }catch(Exception e){
20             System.out.println("程序出错了！");
21         }finally{
22             System.out.println("无论出现异常与否，都会执行这里！");
23         }
24
25     }
26  }
```

图 6-1　分析代码运行过程

在第 10 行设置一个断点,进入调试运行状态,当执行到第 10 行等待输入的时候:

输入被除数:
t

程序的执行就从第 10 行立即跳转到第 14 行。原因是:在执行第 10 行的时候,出现了一个 InputMismatchException 异常,Java 虚拟机抛出这个异常,中断了第 11~13 行的执行,直接跳转到第 14 行开始去匹配异常类型,显然在第 14 行匹配成功,所以执行第 15 行的语句块。

同样,如果给除数输入0,那么执行到第13行就会抛出 ArithmeticException 异常,然后匹配到第16行执行代码块。

异常类常用的方法是使用 getMessage()获取异常信息描述。另外一个常用方法是使用 printStackTrace()将此异常产生的信息用堆栈方式输出。如代码 6-1 在执行时的输出如下。

```
输入被除数:
r
1: Exception in thread "main" Java.util.InputMismatchException
2:     at Java.util.Scanner.throwFor(Scanner.Java:840)
3:     at Java.util.Scanner.next(Scanner.Java:1461)
4:     at Java.util.Scanner.nextInt(Scanner.Java:2091)
5:     at Java.util.Scanner.nextInt(Scanner.Java:2050)
6:     at TestException.main(TestException.Java:8)
```

第1行输出的是在哪一个方法中出现了什么异常类,第二行输出信息为在 Java.util. Scanner 这个类中的 throwFor()方法的第840行中抛出的异常,这个异常又是在 Scanner 类中的 next()方法的第1461行抛出的,以此类推,最后在第6行表明这个异常由用户自己写的 TestException 类中的 main()方法的第8行抛出的。

2. 异常的分类

从上面可以看出,异常类通常是由 Java 虚拟机自动抛出的,其实在代码 6-1 中,就是不用 try...catch 块处理,程序一样可以运行,不会出现编译错误,这种异常称为运行时异常。另外,Java 还定义了一种异常叫做检查异常,这种异常在程序中必须处理,否则会出现编译错误。异常类的层次如图 6-2 所示。

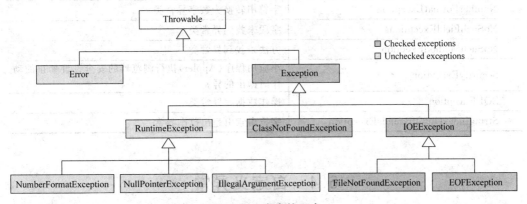

图 6-2 异常类的层次

异常类分两大类型:Error 类代表了编译和系统的错误,不允许捕获;Exception 类代表了标准 Java 库方法所激发的异常。Exception 类还包含运行异常类 RuntimeException 和非运行异常类 NotRuntimeException 这两个直接的子类。

运行异常类对应于编译错误,它是指 Java 程序在运行时产生的由解释器引发的各种异常。运行异常可能出现在任何地方,且出现频率很高,因此为了避免巨大的系统资源开销,编译器不对异常进行检查。所以 Java 语言中的运行异常不一定被捕获。出现运行错误往往表示代码有错误,如算术异常(如被 0 除)、下标异常(如数组越界)等。

非运行异常 NotRuntimeException 类及其子类的实例又称为可检测异常。Java 编译器利用分析方法或构造方法中可能产生的结果来检测 Java 程序中是否含有检测异常的处理程序,对于每个可能的可检测异常,方法或构造方法的 throws 子句必须列出该异常对应的类。在 Java 的标准包 Java. lang、Java. util 和 Java. net 中定义的异常都是非运行异常。表 6-1 列出了常见异常类的名称及其含义。

表 6-1   常见异常类的名称及其含义

异常类名称	异常类含义
ArithmeticException	算术异常类
ArrayIndexOutOfBoundsException	数组下标越界异常类
ArrayStoreException	将与数组类型不兼容的值赋值给数组元素时抛出的异常
ClassCastException	类型强制转换异常类
ClassNotFoundException	为找到相应类异常
EOFException	文件已结束异常类
FileNotFoundException	文件未找到异常类
IllegalAccessException	访问某类被拒绝时抛出的异常
InstantiationException	试图通过 newInstance() 方法创建一个抽象类或抽象接口的实例时抛出该异常
IOException	输入输出异常类
NegativeArraySizeException	建立元素个数为负数的数组异常类
NullPointerException	空指针异常类
NumberFormatException	字符串转换为数字异常类
NoSuchFieldException	字段未找到异常类
NoSuchMethodExeption	方法未找到异常类
SecurityException	小应用程序(Appler)执行浏览器的安全设置禁止的动作时抛出的异常
SQLException	操作数据库异常类
StringIndexOutOfBoundsException	字符串索引超出范围异常

6.4   自定义异常

任务描述

如果在开发过程中,需要提供统一的信息来告诉用户程序的异常,该怎么做呢?

任务分析

在实际开发中,开发人员往往需要定义一些异常类用于描述自身程序中的异常信息,以区分其他程序的异常信息。这就需要自定义异常类。

相关知识与实施步骤

1. 异常类的定义

实现自定义异常类的方法如下。

(1) 类 Java. lang. Throwable 是所有异常类的基类,它包括两个子类:Exception 和 Error,Exception 类用于描述程序能够捕获的异常,如 ClassNotFoundException。Error 类用于指示合理的应用程序不应该试图捕获的严重问题,如虚拟机错误 VirtualMachineError。

(2) 自定义异常类可以继承 Throwable 类或者 Exception,而不要继承 Error 类。自定义异常类之间也可以有继承关系。

(3) 需要为自定义异常类设计构造方法,以方便构造自定义异常对象。

```java
//代码 6-6
public class MyException extends Exception {
    public MyException(){
        super();
    }
    public MyException(String msg){
        super(msg);
    }
}
```

这个类必须继承 Exception 才叫做异常类。异常类的使用通过关键字 throw 来手动抛出异常。

2. 异常类的使用

异常类定义完成后,使用关键字 throw 来抛出自定义异常,如代码 6-7 所示。

```java
//代码 6-7
public class Teacher {
    private String name;
    private int age;
    private char gender;
    private String majorField;
    public String getName() {
        return name;
    }

    public Teacher(String name, int age, char gender, String majorField) {
        super();
        this.name=name;
        this.age=age;
        this.gender=gender;
        this.majorField=majorField;
    }
```

```java
    public void setName(String name) {
        this.name=name;
    }
    public int getAge() {
        return age;
    }
    public void setAge(int age)throws MyException {
        if(age<0 || age>100){
            throw new MyException("年龄不符合要求！");
        }else{
            this.age=age;
        }
    }
    public char getGender() {
        return gender;
    }
    public void setGender(char gender) {
        this.gender=gender;
    }
    public String getMajorField() {
        return majorField;
    }
    public void setMajorField(String majorField) {
        this.majorField=majorField;
    }
    public Teacher(){
        name="西施";
        age=25;
        gender='女';
        majorField=".NET";
    }
    public Teacher(int a,char g){
        age=a;
        gender=g;
    }
    public void print() {
        System.out.println("我是"+name+",我的年龄是"+age+"岁,我的性别是"+
                           gender+",我的授课方向是"+majorField);
    }
}
```

在代码 6-7 中，Student 类的 setAge()方法在声明部分增加了 throws MyException 说明，然后在方法实现部分，当年龄不符合要求时，采用关键字 throw 手动抛出异常。语法如下。

```
throw new 异常类();
```

当其他类调用这个方法时，要么用 try 块处理异常，要么使用关键字 throws 继续抛出异常。代码 6-8 是在调用 setAge 方法时采用 try 块处理。

```
//代码 6-8
public class Test9 {
    public static void main(String[] args) {
        Teacher t1=new Teacher();

        //为属性赋值用 setXXX()方法
        t1.setName("武松");//不能再用 t1.name="武松";

        try {
            t1.setAge(1000);
        } catch (MyException e) {
            //TODO Auto-generated catch block
            e.printStackTrace();
        }
        t1.setGender('女');
        t1.setMajorField("Java");

        //取出属性值用 getXXX()方法
        System.out.println("我的名字叫"+t1.getName());
        t1.print();
    }
}
```

运行后输出结果如下。

```
zidingyi.MyException: 年龄不符合要求!我的名字叫武松
我是武松,我的年龄是 25 岁,我的性别是女,我的授课方向是 Java

    at zidingyi.Teacher.setAge(Teacher.Java:28)
    at zidingyi.Test9.main(Test9.Java:12)
```

代码 6-9 是使用关键字 throws 继续抛出异常。

```
//代码 6-9
public class Test {
    public static void main(String[] args) throws MyException {
        Teacher t1=new Teacher();
        //为属性赋值用 setXXX()方法
        t1.setName("武松");//不能再用 t1.name="武松";
        t1.setAge(1000);
        t1.setGender('女');
        t1.setMajorField("Java");

        //取出属性值用 getXXX()方法
        System.out.println("我的名字叫"+t1.getName());
        t1.print();
    }
}
```

在 Test 类的 main()方法中调用了 Teacher 类的 setAge()方法,由于该方法会产生异常,所以如果在程序中不采用 try 块来捕获,就必须在 main()方法声明头部增加 throws MyExcepton 来声明抛出异常,最后由 Java 虚拟机来处理异常。

运行代码 6-9 的输出结果如下。

```
Exception in thread "main" zidingyi.MyException: 年龄不符合要求!
    at zidingyi.Teacher.setAge(Teacher.Java:28)
    at zidingyi.Test.main(Test.Java:10)
```

读者可以自行判断代码 6-8 和代码 6-9 哪一种异常处理方式更好。

本 章 小 结

异常处理是 Java 语言中的一个独特之处,主要使用捕获异常和声明抛出异常两种方法来处理程序中可能出现异常的语句块,其中捕获异常是一种积极处理异常的方法,而声明抛出异常是一种消极处理异常的方法。

try 块可以配一个或者多个 catch 块,也可以只配一个 finally 块。配多个 catch 块时要注意顺序。

自定义异常给程序提供了一个统一的异常处理接口,自定义异常必须继承 Exception 类。

上机练习6

1. 根据编号输出课程名称。

需求说明:按照控制台提示输入 1~3 之间任一个数字,程序将输出相应的课程名称,根据键盘输入进行判断。如果输入正确,输出对应课程名称。如果输入错误,给出错误提示,不管输入是否正确,均输出“欢迎提出建议”语句,如图 6-3 所示。

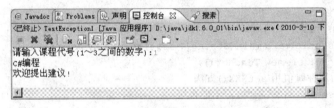

图 6-3   根据编号输出课程名称

2. 自定义异常。

需求说明:自定义异常类,并给出两个构造方法。

3. 使用 throw 抛出异常。

需求说明:在 setAge(int age)中对年龄进行判断,如果年龄介于 1~100 则直接赋值,否则抛出第 2 题中的自定义异常,在测试类中创建对象并调用 setAge(int age)方法,分别使用 try...catch 和 throws 来处理异常，如图 6-4 所示。

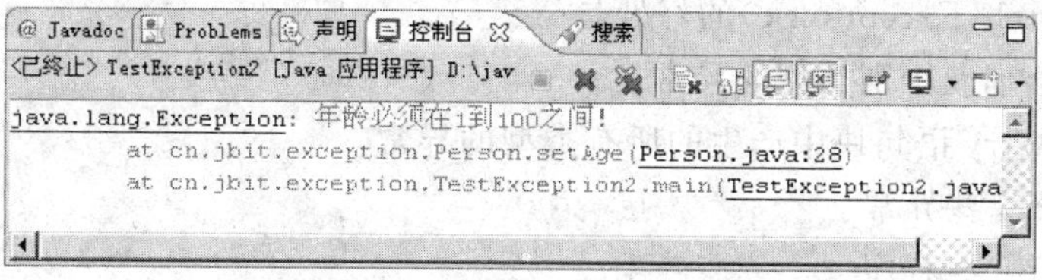

图 6-4　使用 throw 抛出异常

4. 综合练习。

需求说明：编写一个 Circle 类，其中包含一个求面积方法。当给出的圆半径为负数时，抛出一个自定义异常。在 main()方法中调用这个求面积方法的时候，处理这个异常。

习　题　6

一、填空题

1. 一个 try 语句块后必须跟_____语句块，_____语句块可以没有。

2. 自定义异常类必须继承_____类及其子类。

3. 异常处理机制允许根据具体的情况选择在何处处理异常，可以在_____捕获并处理，也可以用 throws 子句把它交给_____处理。

二、单项选择题

1. finally 语句块中的代码（　　）。

A. 总是被执行

B. 当 try 语句块后面没有 catch 时，finally 中的代码才会执行

C. 异常发生时才执行

D. 异常没有发生时才被执行

2. 抛出异常应该使用的关键字是（　　）。

A. throw　　　　　B. catch　　　　　C. finally　　　　　D. throws

3. 自定义异常类时，可以继承的类是（　　）。

A. Error　　　　　　　　　　　B. Applet

C. Exception 及其子类　　　　　D. AssertionError

4. 在异常处理中，将可能抛出异常的方法放在（　　）语句块中。

A. throws　　　　　B. catch　　　　　C. try　　　　　D. finally

5. 对于 try...catch 子句的排列方式，下列正确的是（　　）。

A. 子类异常在前，父类异常在后

B. 父类异常在前，子类异常在后

C. 只能有子类异常

D. 父类异常与子类异常不能同时出现

6. 使用 catch(Exception e)的好处是(　　　)。

A. 只会捕获个别类型的异常

B. 捕获 try 语句块中产生的所有类型的异常

C. 忽略一些异常

D. 执行一些程序

三、简答题

1. try…catch…finally 如何使用？

2. throw 和 throws 有什么联系和区别？

3. 如何自定义异常类？

4. 简述 final、finally 的区别和作用。

5. 如果 try 里有一个 return 语句，那么紧跟在这个 try 后的 finally 里的代码会不会被执行？

6. Error 和 Exception 有什么区别？

7. 什么是 RuntimeException？列举至少 4 个 RuntimeException 的子类。

四、编程题

1. 从命令行得到 5 个整数，放入一整型数组，然后打印输出，要求：如果输入数据不为整数，要捕获 Integer. parseInt()产生的异常，显示"请输入整数"，捕获输入参数不足 5 个的异常(数组越界)，显示"请输入至少 5 个整数"。

2. 编写方法 void triangle (int a, int b, int c)判断其 3 个参数是否能构成一个三角形。如果不能则抛出异常 IllegalArgumentException，显示异常信息"a, b, c 不能构成三角形"；如果可以构成则显示三角形 3 个边长。在 main()方法中得到命令行输入的 3 个整数，调用此方法，并捕获异常。

第 7 章

I/O 读取、存储数据

输入/输出处理是程序设计中非常重要的一部分,比如从键盘读取数据、从文件中读取数据或向文件中写数据等。本单元将介绍 Java 如何从文件读取数据,又如何将内存数据写到文件中,如何更有效地操作文件。

Java 把这些不同类型的输入、输出源抽象为流(Stream),用统一接口来表示,从而使程序更加简单明了。JDK 提供了包 Java.io,其中包括一系列的类来实现输入/输出处理。下面对 Java.io 包的内容进行概要的介绍。

技能目标

理解字节流和字符流的区别和联系。

理解常用对象流的使用方法和使用场合。

了解其他流。

7.1 简单的文件读写

任务描述

在很多时候,软件需要从一些文件中读取内容,Java 如何读取文件中的内容然后再写入文件呢?

任务分析

Java 提供了一个包 Java.io,这个包中有两个比较简单的用于文件读写的类 FileReader 和 FileWriter,使用 FileReader 可以读文件内容,使用 FileWriter 可以写文件内容。

相关知识与实施步骤

1. 使用 FileReader 读取文件内容

下面的实例将采用 FileReader 文件输入流类来实现对文件数据的读取。首先在 eclipse 中新建工程文件 ch0700,然后在 ch0700 文件夹下面新建一个 data 文件夹,在 data

文件夹下准备好数据文件"12 游戏软件",如图 7-1 所示。

在文件中存放一些学生数据,分别是学号、姓名、平时成绩,如图 7-2 所示。

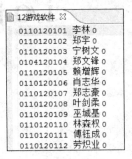

图 7-1　文件准备　　　　　　　　　　图 7-2　文件中的部分内容

编写 Java 程序,将"12 游戏软件"文件中的数据读出打印在控制台上。

```
//代码 7-1
import Java.io.FileNotFoundException;
import Java.io.FileReader;
import Java.io.FileWriter;
import Java.io.IOException;

public class FileReaderTest {
    public static void main(String[] arg){
        try {
            FileReader finput=new FileReader("data\\12 游戏软件");   //产生输入流
            int i=0;
            while((i=finput.read())!=-1){        //读取内容,直到文件尾
                System.out.print((char)i);       //输出在控制台上
            }
            finput.close();                      //关闭输入流
        } catch (FileNotFoundException e) {
            e.printStackTrace();
        } catch (IOException e) {
            e.printStackTrace();
        }
    }
}
```

运行上面的代码,顺利读取出文件内容打印在控制台上,输出结果如下。

```
0110120101 李林 0
0110120102 郑宇 0
0110120103 宁树文 0
0104120104 郑文锋 0
0110120105 赖增辉 0
0110120106 肖志华 0
0110120107 郑志豪 0
0110120108 叶剑柔 0
```

```
0110120109 巫城基 0
0110120110 林森权 0
0110120111 傅钰成 0
0110120112 劳炽业 0
```

在代码 7-1 中，首先产生 FileReader 类的实例化对象，在产生实例化对象的时候必须提供正确的文件路径，如果提供的文件不存在，系统会抛出异常"Java. io. FileNotFoundException：12 游戏软件（系统找不到指定的文件。）"。正确产生 FileReader 对象后，调用 FileReader 的 read()方法可以从文件中读取所有的内容，由于 read()方法返回的是 int 型数据，所以在输出的时候强制类型转换之后再输出到控制台。使用完输入流后调用 close()方法关闭输入流。

2. 使用 FileWriter 写文件

在下面的实例中，采用 FileWriter 文件输出流来实现对文件数据的写入操作。编写 Java 程序，将"12 游戏软件"文件中的数据读出打印在控制台上，并将读出的内容重新写入一个名称为"12 游戏软件副本"的文件中。

```java
//代码 7-2
package kgy.io;

import Java.io.FileNotFoundException;
import Java.io.FileReader;
import Java.io.FileWriter;
import Java.io.IOException;

public class FileWriterTest {
    public static void main(String[] arg){
        try {
            FileReader finput=new FileReader("data\\12游戏软件");   //产生输入流
            FileWriter foutput=new FileWriter("data\\12游戏软件副本");
                                                                //产生输出流

            int i=0;
            while((i=finput.read())!=-1){      //读取内容,直到文件尾
                System.out.print((char)i);     //输出在控制台上
                foutput.write(i);              //写入文件中
            }
            finput.close();                    //关闭输入流
            foutput.flush();                   //清空缓冲区
            foutput.close();                   //关闭输出流
        } catch (FileNotFoundException e) {
            e.printStackTrace();
        } catch (IOException e) {
            e.printStackTrace();
        }
    }
}
```

运行上面的代码,顺利读取出文件内容打印在控制台上,在控制台上仍然输出以下结果,并且在 data 文件夹下多了一个"12 游戏软件副本"文件,如图 7-3 所示。

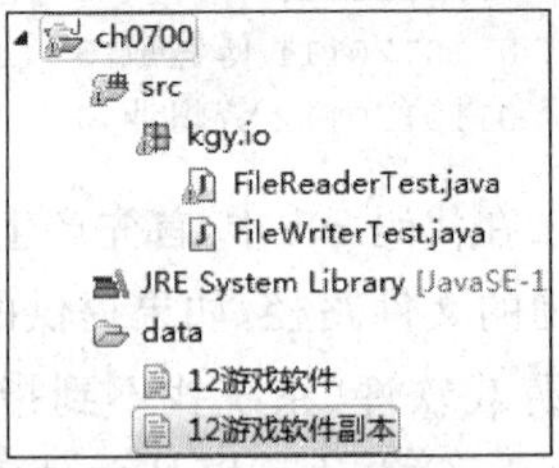

图 7-3　用 FileWriter 写文件

```
0110120101 李林 0
0110120102 郑宇 0
0110120103 宁树文 0
0104120104 郑文锋 0
0110120105 赖增辉 0
0110120106 肖志华 0
0110120107 郑志豪 0
0110120108 叶剑柔 0
0110120109 巫城基 0
0110120110 林森权 0
0110120111 傅钰成 0
0110120112 劳炽业 0
```

在代码 7-2 中,首先产生 FileReader 类的实例化对象,然后再产生 FileWriter 对象,产生 FileWriter 对象的时候,要给出文件路径和名称,如果这个文件存在,那么会改写存在的文件;如果文件不存在,对象会自动生成这个文件。最后循环从"12 游戏软件"文件中读取内容,一方面输出在控制台上;另一方面调用 FileWriter 对象的 write()方法把内容写入"12 游戏软件副本"中,操作完成后关闭输入流,调用输出流的 flush()方法清空缓冲区并且关闭掉输出流。

提示:IO 流操作文件的步骤如下。

(1) 创建流对象。

(2) 利用流类提供的方法对数据进行读取或写入。在整个操作过程中,需要处理 Java.io.IOException 异常。另外,如果是使用输出流写数据,需要在写入操作完成后,调用 flush()方法来强制写出所有缓冲区的数据。

(3) 操作完成后,一定要调用 close()方法来关闭流对象。

7.2　I/O 原理和结构

任务描述

经常听到人们说 Java 分字节流和字符流,它们之间到底有什么区别呢?

任务分析

在 Java 1.0 版本的时候,Java.io 包只提供字节流(Stream),Stream 包括 Inputstream(输入流)和 Outputstream(输出流)两种类型。字节流表示以字节为单位从 Stream 中读取或往 Stream 中写入信息,即 io 包中的 inputstream 类和 outputstream 类的派生类。通常用来读取二进制数据,如图像和声音。但是这种字节流没办法处理 Unicode 字符。所以在推出 Java 1.1 版本后,Java.io 包中增加了字符流 Reader(输入流)和 Writer(输出流），可以解决 16 位的 Unicode 字符。

相关知识与实施步骤

1. I/O 原理

Java 把不同类型的输入、输出源抽象为流（Stream），用统一接口来表示，从而使程序简单明了。流是一个很形象的概念，当程序需要读取数据的时候，就会开启一个通向数据源的流，这个数据源可以是文件、内存，或是网络连接。类似地，当程序需要写入数据的时候，就会开启一个通向目的地的流。这时候就可以想象数据好像在这其中"流"动一样。

在 Java 程序中创建输入流对象时会自动建立这个数据输入通道，而创建输出流对象时就会自动建立这个数据输出通道，如图 7-4 所示。

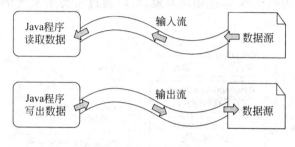

图 7-4　I/O 原理图

2. I/O 结构

Java 中的流可以按如下方式分类。

（1）按数据流向分

① 输入流：程序可以从中读取数据的流。

② 输出流：程序能向其中输出数据的流。

（2）按数据传输单位分

① 字节流：以字节为单位传输数据的流。

② 字符流：以字符为单位传输数据的流。

（3）按流的功能分

① 节点流：用于直接操作数据源的流。

② 过滤流：也叫处理流，是对一个已存在流的连接和封装，来提供更为强大、灵活的读写功能。

Java 所提供的流类位于 Java.io 包中，分别继承自以下 4 种抽象流类，4 种抽象流按分类方式显示在表 7-1 中。

表 7-1　4 种抽象流类

分　类	字　节　流	字　符　流
输入流	InputStream	Reader
输出流	OutputStream	Writer

Reader 和 Writer 要解决的最主要问题就是国际化。原先的 I/O 类库只支持 8 位的字节流,因此不能很好地处理 16 位的 Unicode 字符流。Unicode 是国际化的字符集(更何况 Java 内置的 char 就是 16 位的 Unicode 字符),在加了 Reader 和 Writer 之后,所有的 I/O 就都支持 Unicode 了。此外,新类库的性能也比旧的好。

但是,Reader 和 Writer 并不能完全取代 InputStream 和 OutputStream,有时,还必须同时使用"基于 byte 的类"和"基于字符的类"。为此,它还提供了两个"适配器 (adapter)"类。InputStreamReader 负责将 InputStream 转化成 Reader,而 OutputStreamWriter 则将 OutputStream 转化成 Writer。

(1) InputStream 和 OutputStream

Java 将读取数据对象成为输入流,能向其写入的对象叫输出流。InputStream 类和 OutputStream 类都为抽象类,不能创建对象,可以通过子类来实例化。输入流结构图如图 7-5 所示。

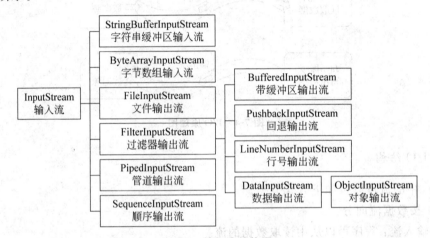

图 7-5 输入流结构图

InputStream 是输入字节数据用的类,所以 InputStream 类提供了 3 种重载的 read() 方法,Inputstream 类中的常用方法如下。

① public abstract int read():读取一个 byte 的数据,返回值是高位补 0 的 int 类型值。

② public int read(byte b[]):读取 b. length 个字节的数据放到 b 数组中。返回值是读取的字节数。该方法实际上是调用下一个方法实现的。

③ public int read(byte b[], int off, int len):从输入流中最多读取 len 个字节的数据,存放到偏移量为 off 的 b 数组中。

④ public int available():返回输入流中可以读取的字节数。注意:若输入阻塞,当前线程将被挂起,如果 InputStream 对象调用这个方法的话,它只会返回 0,这个方法必须由继承 InputStream 类的子类对象调用才有用。

⑤ public long skip(long n):忽略输入流中的 n 个字节,返回值是实际忽略的字节数,跳过一些字节来读取。

⑥ public int close()：在使用完后，必须对打开的流进行关闭。OutputStream 类输出流结构图如图 7-6 所示。

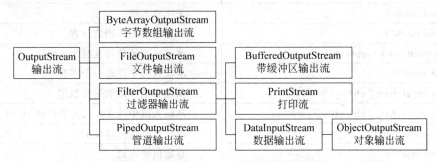

图 7-6　OutputStream 类输出流结构图

OutputStream 提供了 3 个 write()方法来做数据的输出，这个是和 InputStream 是相对应的。

① public void write(byte b[])：将参数 b 中的字节写到输出流。

② public void write(byte b[], int off, int len)：将参数 b 的从偏移量 off 开始的 len 个字节写到输出流。

③ public abstract void write(int b)：先将 int 转换为 byte 类型，把低字节写入到输出流中。

④ public void flush()：将数据缓冲区中数据全部输出，并清空缓冲区。

⑤ public void close()：关闭输出流并释放与流相关的系统资源。

注意：

① 上述各方法都有可能引起异常。

② InputStream 和 OutputStream 都是抽象类，不能创建这种类型的对象。

（2）Reader 类和 Writer 类

Java.io. Reader 和 Java.io. InputStream 组成了 Java 输入类。Reader 类用于读入 16 位字符，也就是 Unicode 编码的字符；而 InputStream 用于读入 ASCII 字符和二进制数据。Reader 类的体系结构如图 7-7 所示。

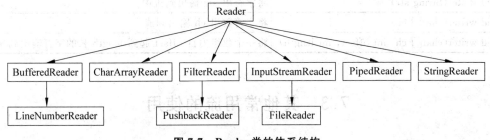

图 7-7　Reader 类的体系结构

Reader 类所提供的方法见表 7-2，可以利用这些方法来获得流内的位数据。

表 7-2 **Reader 类的常用方法**

方　　法	功 能 描 述
void close()	关闭输入流
void mark()	标记输入流的当前位置
boolean markSupported()	测试输入流是否支持 mark
int read()	从输入流中读取一个字符
int read(char[] ch)	从输入流中读取字符数组
int read(char[] ch, int off, int len)	从输入流中读 len 长的字符到 ch 内
boolean ready()	测试流是否可以读取
void reset()	重定位输入流
long skip(long n)	跳过流内的 n 个字符

Writer 类的体系结构如图 7-8 所示。

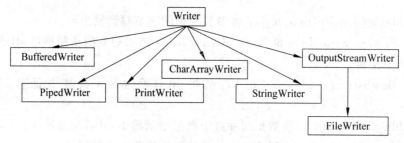

图 7-8 **Writer 类的体系结构**

Writer 类所提供的方法见表 7-3。

表 7-3 **Writer 类的常用方法**

方　　法	功 能 描 述
void close()	关闭输出流
void flush()	将缓冲区中的数据写到文件中
void writer(int c)	将单一字符 c 输出到流中
void writer(String str)	将字符串 str 输出到流中
void writer(char[] ch)	将字符数组 ch 输出到流
void writer(char[] ch, int offset, int length)	将一个数组内自 offset 起到 length 长的字符输出到流

7.3　其他常用流的使用

任务描述

在 7.1 节中,使用字符流一个字符一个字符地进行读和写,如果文件很大,这个操作将非常慢,那么是否有办法提高效率呢?

任务分析

在 Java.io 包中,还有很多其他类,它们被叫做过滤流,也叫处理流,是对一个已存在流的连接和封装,用来提供更为强大、灵活的读写功能。过滤流好比水龙头上装的水过滤装置,是希望流出来的水直接为人们所用。假如希望水直接放出来就可以冲咖啡,那么还要在过滤装置后面再增加一个加热器等。这个水过滤装置和加热器就对应 Java 中的过滤流。

相关知识与实施步骤

1. 缓冲流

根据数据操作单位可以把缓冲流分为两类。

(1) BufferedInputStream 和 BufferedOutputStream:针对字节的缓冲输入和输出流。

(2) BufferedReader 和 BufferedWriter:针对字符的缓冲输入和输出流。

缓冲流都属于过滤流,也就是说缓冲流并不直接操作数据源,而是对直接操作数据源的节点流的一个包装,以此增强它的功能。节点流和缓冲流的区别如图 7-9 所示。

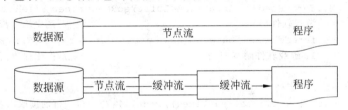

图 7-9 节点流和缓冲流的区别

BufferedReader 从字符输入流中读取文本,缓冲各个字符,从而实现字符、数组和行的高效读取。用户可以指定缓冲区的大小,或者可使用默认的大小。大多数情况下,默认值就足够大了。为了提高效率,可以对代码 7-2 中产生输入流的代码作出修改,将

```
FileReader finput = new FileReader("data\\12游戏软件");//产生输入流
```

修改为

```
BufferedReader finput=new BufferedReader(new FileReader("data\\12游戏软件"));
    //效率更高
```

BufferedReader 类提供 readLine()实现一行一行地读取内容,从而大大提高了效率。

同样地,BufferedWriter 将文本写入字符输出流,缓冲各个字符,从而提供单个字符、数组和字符串的高效写入。用户可以指定缓冲区的大小,或者接受默认的大小。在大多数情况下,默认值就足够大了。同样,为了提高效率,可以对代码 7-2 中产生输出流的代码作如下修改。将

```
FileWriter foutput = new FileWriter("data\\12游戏软件副本");//产生输出流
```

修改为

```
BufferedWriter foutput = new BufferedWriter(new FileWriter("data\\12 游戏软件副
    本"));                          //产生效率更高输出流
```

BufferedWriter 提供一个缓冲，使每次调用 write()方法时效率更高。另外，
BufferedWriter 提供一个 newLine()方法，这个方法是开启新的一行，比直接写入换行符
换行效率高。

下面修改代码 7-2，使用缓冲流来提高效率进行比较。

```
//代码 7-3
import Java.io.BufferedWriter;
import Java.io.FileNotFoundException;
import Java.io.FileReader;
import Java.io.FileWriter;
import Java.io.IOException;

public class BufferedWriterTest {
    public static void main(String[] arg){
        long timeStart=System.currentTimeMillis();    //程序开始时间
        try {
            BufferedReader finput=new BufferedReader(new FileReader("data\\12
                游戏软件"));                            //产生输入流
            BufferedWriter foutput = new BufferedWriter( new FileWriter("data\\
                12 游戏软件副本"));                      //产生输出流

            String s="";
            while((s=finput.readLine())!=null){//一行一行的读取内容,直到文件尾
                System.out.println(s);                  //输出在控制台上
                foutput.write(s);                       //写入文件中
                foutput.newLine();                      //换行
            }
            finput.close();                             //关闭输入流
            foutput.flush();                            //清空缓冲区
            foutput.close();                            //关闭输出流
        } catch (FileNotFoundException e) {
            e.printStackTrace();
        } catch (IOException e) {
            e.printStackTrace();
        }finally{
            long timeEnd=System.currentTimeMillis();   //程序结束时间
            System.out.print("使用缓冲流花费时间为："+(timeEnd-timeStart) +
                            "毫秒");                     //输出执行程序花费的时间
        }
    }
}
```

输出结果和代码 7-2 基本相同。程序执行结束后，最后一行输出内容如下。

使用缓冲流花费时间为：10 毫秒

同样地,将代码 7-2 也增加执行时间的记录,如代码 7-4 所示。

```java
//代码 7-4
package kgy.io;

import Java.io.FileNotFoundException;
import Java.io.FileReader;
import Java.io.FileWriter;
import Java.io.IOException;

public class FileWriterTest {
    public static void main(String[] arg){
        long timeStart=System.currentTimeMillis();      //程序开始时间
        try {
            FileReader finput=new FileReader("data\\12 游戏软件");//产生输入流
            FileWriter foutput=new FileWriter("data\\12 游戏软件副本");
                                                         //产生输出流

            int i=0;
            while((i=finput.read())!=-1){                //读取内容,直到文件尾
                System.out.print((char)i);               //输出在控制台上
                foutput.write(i);                        //写入文件中
            }
            finput.close();                              //关闭输入流
            foutput.flush();                             //清空缓冲区
            foutput.close();                             //关闭输出流
        } catch (FileNotFoundException e) {
            e.printStackTrace();
        } catch (IOException e) {
            e.printStackTrace();
        }finally{
            long timeEnd=System.currentTimeMillis();
            System.out.print("使用文件流花费时间为: "+ (timeEnd-timeStar t) +
                    "毫秒");                              //程序结束时间
        }
    }
}
```

执行该程序,最后一行输出内容如下。

使用文件流花费时间为: 74 毫秒

由上面的比较可以看出,使用缓冲流可以大大提高文件读取效率,如果文件特别大,提高效率会更明显。建议操作文件的时候,都采用缓冲流过滤包装数据。

2. 对象流

对象流也是过滤流,JDK 提供的 ObjectOutputStream 类和 ObjectInputStream 类是用于存储和读取基本类型数据或对象的过滤流,它最强大之处就是可以把 Java 中的对象写到数据源中,也能把对象从数据源中还原回来。ObjectOutputStream 和 ObjectInputStream

不能序列化 static 或 transient 修饰的成员变量。

　　另外需要说明的是,能被序列化的对象所对应的类必须实现 Java. io. Serializable 这个标识性接口。

　　对象输出流可以将对象按照整体一个个存储在文件中,下面将在 7.1 节的基础上,使用对象流来修改代码。

　　(1) 产生一个可序列化的类 Student。这个类一定要实现 Serializable,才叫序列化类,否则不能通过对象流输入输出。

```java
//代码 7-5
package kgy.io;
import Java.io.Serializable;
public class Student implements Serializable {
//一定要实现 Serializable,才叫序列化类
    private static final long serialVersionUID=1L;
    private String id;
    private String name;
    private int score;
    public Student() {
        super();
    }
    public Student(String id, String name, int score) {
        super();
        this.id=id;
        this.name=name;
        this.score=score;
    }
    public String getId() {
        return id;
    }
    public void setId(String id) {
        this.id=id;
    }
    public String getName() {
        return name;
    }
    public void setName(String name) {
        this.name=name;
    }
    public int getScore() {
        return score;
    }
    public void setScore(int score) {
        this.score=score;
    }
    public String toString(){
        return id+" "+name+" "+score;
    }
}
```

（2）使用输入流读入文件，然后采用对象输出流写好文件。

```java
//代码 7-6
package kgy.io;

import Java.io.BufferedReader;
import Java.io.BufferedWriter;
import Java.io.FileInputStream;
import Java.io.FileNotFoundException;
import Java.io.FileOutputStream;
import Java.io.FileReader;
import Java.io.FileWriter;
import Java.io.IOException;
import Java.io.ObjectInputStream;
import Java.io.ObjectOutputStream;

public class ObjectOutputTest {
    public static void main(String[] arg){
        long timeStart=System.currentTimeMillis();
        try {
            ObjectOutputStream oos =new ObjectOutputStream( new FileOutputStream
                ("data\\12游戏软件对象"));
                                        //产生对象输出流,将文件另外输出到一个新的文件中

            BufferedReader finput= new BufferedReader(new FileReader("data\\12
                游戏软件"));                         //产生输入流
            String s="";
            while((s=finput.readLine())!=null){//一行一行地读取内容,直到文件尾
                String[] str=s.split(" ");
                Student stu=new Student(str[0],str[1],Integer.parseInt(str[2]));
                oos.writeObject(stu);              //将整个对象一次性写入文件中
            }
            finput.close();                     //关闭输入流
            oos.flush();                        //清空缓冲区
            oos.close();                        //关闭输出流
        } catch (FileNotFoundException e) {
            e.printStackTrace();
        } catch (IOException e) {
            e.printStackTrace();
        }finally{
            long timeEnd=System.currentTimeMillis();
            System.out.print("使用缓冲流花费时间为: "+ (timeEnd-timeStart)+
                    "毫秒");                  //输出执行程序花费的时间
        }
    }
}
```

执行代码 7-6，在 data 文件夹下多了一个"12 游戏软件对象"文件，文件内容如图 7-10 所示。

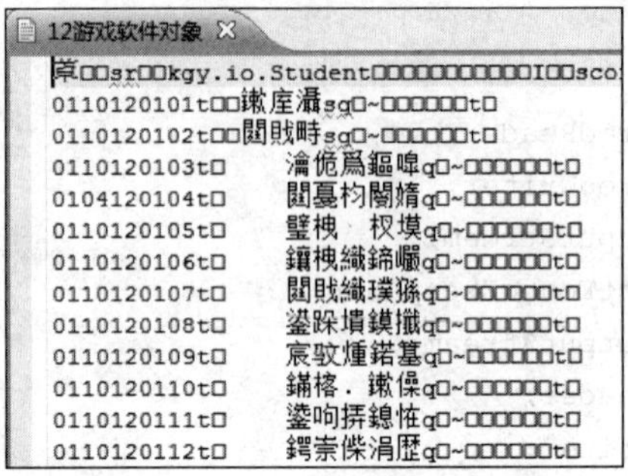

图 7-10 用对象流输出的文件

（3）采用对象输入流读取刚刚的"12 游戏软件对象"文件信息。

有了对象输出流输出的文件，那么就可以用对象输入流来读取文件信息，然后将每个学生的平时成绩修改为 100，重新使用对象输出流将所有对象存入"12 游戏软件对象-2"文件中，如代码 7-7 所示。

```java
//代码 7-7
package kgy.io;
import Java.io.EOFException;
import Java.io.FileInputStream;
import Java.io.FileNotFoundException;
import Java.io.FileOutputStream;
import Java.io.IOException;
import Java.io.ObjectInputStream;
import Java.io.ObjectOutputStream;

public class ObjectInputTest {
    public static void main(String[] arg){
        long timeStart=System.currentTimeMillis();
        try {
            ObjectInputStream ois =new ObjectInputStream((new FileInputStream
                ("data\\12游戏软件对象 ")));            //产生对象输入流
            ObjectOutputStream oos =new ObjectOutputStream(new FileOutputStream
                ("data\\12游戏软件对象 - 2"));           //产生对象输出流
            Student s=null;
            while((s = (Student)ois.readObject())!=null){
                                        //一个对象一个对象地读取,直到文件尾
                s.setScore(100);
                System.out.println(s);                  //输出在控制台上
                oos.writeObject(s);                     //把对象写入文件中
            }
            ois.close();                                //关闭输入流
            oos.flush();                                //清空缓冲区
            oos.close();                                //关闭输出流
```

```
    } catch (EOFException e) {

    }  catch (FileNotFoundException e) {
        e.printStackTrace();
    } catch (IOException e) {
        e.printStackTrace();
    } catch (ClassNotFoundException e) {
        //TODO Auto-generated catch block
        e.printStackTrace();
    }finally{
        long timeEnd=System.currentTimeMillis();
        System.out.print("使用缓冲流花费时间为："+ (timeEnd-timeStart)+
                    "毫秒");                          //输出执行程序花费的时间
    }
 }
}
```

运行代码，一个结果在控制台输出；另外一个结果输出到"12 游戏软件对象-2"文件中了，如图 7-11 和图 7-12 所示。

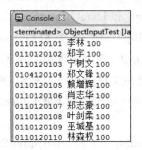

图 7-11 控制台输出结果

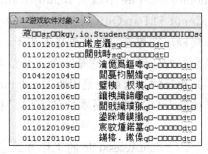

图 7-12 文件输出结果

从上面的实例看到，采用对象流可以把文件中的一行数据作为一个整体来输入输出，通过对象输出流将对象写入文件的过程叫做序列化，通过对象输入流读取对象的过程叫做反序列化。

注意：

（1）这个对象必须是可以序列化的对象。

（2）对象输入流必须读取用对象输出流输出的文件，所以上面的实例如果没有代码 7-6 的输出，而用代码 7-7 直接去读取"12 游戏软件"文件，程序会抛出 Java.io. StreamCorruptedException 异常。

7.4 随机存储存取文件流和 File 类

任务描述

对于 InputStream 和 OutputStream 来说，它们的实例都是顺序访问流，也就是说，只能对文件进行顺序地读/写。那么如果需要一次性跳转很多内容该怎么做呢?

任务分析

在某些情况下,不能按顺序读取文件,比如下载文件的时候,网络断开了,那么等网络重新开启的时候,人们希望文件能继续在断开点开始下载,而不是重新下载。类似地,随机存储存取类就可以从任意位置开始读取和写入文件,File 类也可以灵活处理文件和文件夹。

相关知识与实施步骤

1. 随机存储存取文件流

RandomAccessFile 是一种特殊的流类,它可以在文件的任何地方读取或写入数据。

对于 InputStream 和 OutputStream 来说,它们的实例都是顺序访问流,也就是说,只能对文件进行顺序地读/写。随机访问文件则允许对文件内容进行随机读/写。在 Java 中,RandomAccessFile 类提供了随机访问文件的方法。

RandomAccessFile 不属于 InputStream 类系和 OutputStream 类系。实际上,除了实现 DataInput 和 DataOutput 接口之外(DataInputStream 和 DataOutputStream 也实现了这两个接口),它和这两个类系毫不相干,甚至不使用 InputStream 类和 OutputStream 类中已经存在的任何功能;它是一个完全独立的类,所有方法(绝大多数都只属于它自己)都是从零开始写的。这可能是因为 RandomAccessFile 能在文件里面前后移动,所以它的行为与其他的 I/O 类有些根本性的不同。总而言之,它是一个直接继承 Object 的独立的类。

基本上,RandomAccessFile 的工作方式是,把 DataInputStream 和 DataOutputStream 结合起来,再加上它自己的一些方法,比如定位用的 getFilePointer(),在文件里移动用的 seek(),以及判断文件大小的 length()、skipBytes() 跳过多少字节数。此外,它的构造方法还需要一个表示以只读方式("r"),还是以读写方式("rw")打开文件的参数,它不支持只写文件。

只有 RandomAccessFile 才有 seek 搜寻方法,而这个方法也只适用于文件。BufferedInputStream 有一个 mark() 方法,可以用它来设定标记(把结果保存在一个内部变量里),然后再调用 reset() 返回这个位置,但是它的功能太弱了,而且也不怎么实用。RandomAccessFile 类的主要方法包括以下几个。

```
long getFilePointer();        //用于得到当前的文件指针
void seek(long pos);          //用于移动文件指针到指定的位置
int skipBytes(int n);         //使文件指针向前移动指定的 n 个字节
```

下面使用 RandomAccessFile 来随机存储读取写入文件。

```
//代码 7-8
import Java.io.FileNotFoundException;
import Java.io.IOException;
```

```java
import Java.io.RandomAccessFile;

public class RandomAccessFileDemo {
    public static void main(String[] args) {
        RandomAccessFile file;
        try {
            file=new RandomAccessFile("file", "rw");
            //以下向 file 文件中写数据
            file.writeInt(20);                 //占 4 个字节
            file.writeDouble(8.236598);        //占 8 个字节
            file.writeUTF("这是一个 UTF 字符串");
                    //这个长度写在当前文件指针的前两个字节处,可用 readShort()读取
            file.writeBoolean(true);           //占 1 个字节
            file.writeShort(395);              //占 2 个字节
            file.writeLong(2325451l);          //占 8 个字节
            file.writeUTF("又是一个 UTF 字符串");
            file.writeFloat(35.5f);            //占 4 个字节
            file.writeChar('a');               //占 2 个字节

            file.seek(0);                      //把文件指针位置设置到文件起始处

            //以下从 file 文件中读数据,要注意文件指针的位置
            System.out.println("——从 file 文件指定位置读数据——");
            System.out.println(file.readInt());
            System.out.println(file.readDouble());
            System.out.println(file.readUTF());

            file.skipBytes(3);
                    //将文件指针跳过 3 个字节,本例中即跳过了一个 boolean 值和 short 值
            System.out.println(file.readLong());

            file.skipBytes(file.readShort());
                            /* 跳过文件中"又是一个 UTF 字符串"所占字节,注意
                               readShort()方法会移动文件指针,所以不用加 2 */
            System.out.println(file.readFloat());

            //以下演示文件复制操作
            System.out.println("——文件复制(从 file 到 fileCopy)——");
            file.seek(0);
            RandomAccessFile fileCopy=new RandomAccessFile("fileCopy", "rw");
            int len=(int) file.length();       //取得文件长度(字节数)
            byte[] b=new byte[len];
            file.readFully(b);
            fileCopy.write(b);
            System.out.println("复制完成!");
        } catch (FileNotFoundException e) {
            //TODO Auto-generated catch block
            e.printStackTrace();
        } catch (IOException e) {
```

```
            //TODO Auto-generated catch block
            e.printStackTrace();
        }

    }
}
```

运行代码,有 3 个输出结果,分别在控制台、文件 file 和文件 fileCopy 输出,如图 7-13～图 7-15 所示。

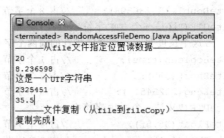

图 7-13 控制台输出

图 7-14 文件 file 输出

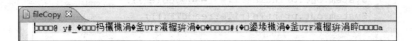

图 7-15 文件 fileCopy 输出

总结:Java 的 RandomAccessFile 提供对文件的读写功能,与普通的输入输出流不一样的是 RandomAccessFile 可以任意地访问文件的任何地方。这就是 Random 的意义所在。RandomAccessFile 的对象包含一个记录指针,用于标识当前流的读写位置,这个位置可以向前移动,也可以向后移动。RandomAccessFile 包含两个方法来操作文件记录指针。

(1) long getFilePoint():记录文件指针的当前位置。

(2) void seek(long pos):将文件记录指针定位到 pos 位置。

RandomAccessFile 包含 InputStream 的 3 个 read 方法,也包含 OutputStream 的 3 个 write 方法。同时 RandomAccessFile 还包含一系列的 readXXX 和 writeXXX 方法完成输入输出。

2. File 类

前面所讲的内容中,都是直接操作某个文件。如果 Java 要操作某个文件夹,或者设置文件属性该怎么做呢?为了很更好地代表文件的概念,以及存储一些对于文件的基本操作,在 Java.io 包中设计了一个专门的类——File 类。

File类定义了一系列与操作系统平台无关的方法来操作文件和目录。通过查阅 Java API 帮助文档，可以了解到 Java.io.File 类的相关属性和方法。下面介绍一下 File 类的一些常用方法。

（1）File 文件或目录的生成

File 类的对象可以代表一个具体的文件路径，在实际代表时，可以使用绝对路径也可以使用相对路径。下面是创建的文件对象示例，该示例中使用一个文件路径表示一个 File 类的对象，例如：

```
File f1=new File("d:\\test\\1.txt");
File f2=new File("1.txt");
File f3=new File("e:\\abc");
File f4=new File("d:\\test\\","1.txt");
```

这里的对象 f1 和 f2 分别代表一个文件，f1 是绝对路径，而 f2 是相对路径，f3 则代表一个文件夹，f4 代表的文件路径是 d:\test\1.txt。

（2）文件名的处理

```
String getName();                    //得到一个文件的名称(不包括路径)
String getPath();                    //得到一个文件的路径名
String getAbsolutePath();            //得到一个文件的绝对路径名
String getParent();                  //得到一个文件的上一级目录名
String renameTo(File newName);       //将当前文件名更名为给定文件的完整路径
```

（3）文件属性测试

```
boolean exists();                    //测试当前 File 对象所指示的文件是否存在
boolean canWrite();                  //测试当前文件是否可写
boolean canRead();                   //测试当前文件是否可读
boolean isFile();                    //测试当前文件是否文件(不是目录)
boolean isDirectory();               //测试当前文件是否目录
```

（4）普通文件信息和工具

```
long lastModified();                 //得到文件最近一次修改的时间
long length();                       //得到文件的长度，以字节为单位
boolean delete();                    //删除当前文件
```

（5）目录操作

```
boolean mkdir();                     //根据当前对象生成一个由该对象指定的路径
String list();                       //列出当前目录下的文件
```

```
//代码 7-9
package kgy.io;
import Java.io.*;                     //引入 Java.io 包中所有的类

public class FileFilterTest {
    public static void main(String args[]){
        File dir=new File("d://");    //用 File 对象表示一个目录
```

```
System.out.println("list Java files in directory "+dir);
String files[]=dir.list();   //列出目录 dir 下的所有文件
for(int i=0;i<files.length;i++){
    File f=new File(dir,files[i]);
                                //为目录 dir 下的文件或目录 创建一个 File 对象
    if(f.isFile()){             //如果该对象为文件, 则打印文件名
        System.out.println("file "+f);
    }else{
        System.out.println("sub directory "+f);//如果是目录则打印目录名
    }
}
```

运行代码,输出 D 盘下所有的文件和目录。

```
list Java files in directory d:\
sub directory d:\$ RECYCLE.BIN
sub directory d:\用户目录
sub directory d:\app
sub directory d:\FOUND.000
file d:\news-all.sql
```

File 可以获得文件对象,也可以获得目录对象,通常需要通过 ifFile()方法来判读是文件还是目录;另外,如果只需要显示某种文件,比如 Java 文件,那么还需要用到 Java.io.FilenameFilter 接口来过滤文件,这里不再叙述。

提示:在 File 类中包含了大部分和文件操作相关的功能方法,该类的对象可以代表一个具体的文件或文件夹,所以以前曾有人建议将该类的类名修改成 FilePath,因为该类也可以代表一个文件夹,更准确地说是可以代表一个文件路径。

本 章 小 结

Java 中的输入输出处理是通过使用流技术,用统一的接口表示而实现的。输入输出流中,最常见的是对文件的处理,例如:Java.io.FileInputStream、Java.io.FileOutputStream、Java.io.RandomAccessFile 和 Java.io.File。

输入输出流根据处理的内容,分为字符流和字节流两种,其中字节流是以 byte 为基本处理单位的流;而字符流是以 16 位的 Unicode 码为处理单位的流。

上机练习 7

1. 通过输入流读取班级名称。

需求说明:首先在一个名为 className.txt 的文件中写入几个班级名称,然后使用输入流读取班级名称并输出到控制台,如图 7-16 所示。

图 7-16　通过输入流读取班级名称

2. 根据选择的班级,找到相应的文件输出该班级的学生信息。

需求说明:对应 className.txt 中的班级创建相应的班级文件,然后根据选择输出该班级的学生信息,如图 7-17 所示。

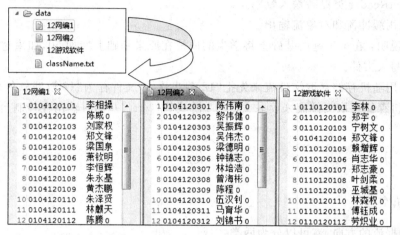

图 7-17　根据选择的班级,找到相应的文件输出班级学生信息

控制台输出结果如图 7-18 所示。

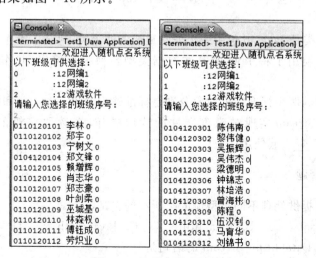

图 7-18　控制台输出结果

提示:

(1)增加一个类 ClassName,类中增加一个方法专门用来读取 className.txt 文件内

容并输出到控制台上。

```
public static void getData()
```

（2）增加一个 StudentData 类，类中给出一个带文件名参数的方法，用于读取给出文件的内容。

```
public static void getData(String fileName)
```

3．使用缓冲流和对象流输入。

需求说明：在第 2 题的基础上，根据学生信息增加学生类，通过使用 BufferedReader 类和 ObjectReader 类提高输入效率。

4．使用缓冲流和对象流输出。

需求说明：在第 3 题的基础上将学生的成绩在原来基础上增加 60，如果超过 100，按照 100 再写入文件。

5．使用随机存储存取文件流来先把"12 游戏软件"文件存为"12 游戏软件-raf"，然后再通过随机存储存取文件流来读取文件"12 游戏软件-raf"并同时输出在控制台上。

习　题　7

一、填空题

1．根据流的方向，流可以分为两类：_____和_____。

2．根据操作对象的类型，可以将数据流分为_____和_____两种。

3．在 Java. io 包中有 4 个基本类：InputStream、OutputStream、Reader 和_____类。

4．_____类是 Java. io 包中一个非常重要的非流类，封装了操作文件系统的功能。

5．_____类用于将 Java 的基本数据类型转换为字符串，并作为控制台的标准输出。

6．Java 包括的两个标准输出对象分别是标准输出对象_____和标准错误输出。

7．FileInputStream 实现对磁盘文件的读取操作，在读取字符的时候，它一般与_____和_____一起使用。

二、单项选择题

1．Java 语言提供处理不同类型流的类所在的包是（　　）。

　　A．Java. sql　　　　　B．Java. util　　　　　C．Java. math　　　　D．Java. io

2．创建一个 DataOutputStream 的语句是（　　）。

　　A．new DataOutputStream("out. txt")

　　B．new DataOutputStream(new File("out. txt"));

　　C．new DataOutputStream(new Writer("out. txt"));

　　D．new DataOutputStream(new OutputStream("out. txt"));

3. 下面语句正确的是(　　　)。

A. RandomAccessFile raf＝new RandomAccessFile ("myfile. txt","rw");

B. RandomAccessFile raf＝new RandomAccessFile (new DataInputStream());

C. RandomAccessFile raf＝new RandomAccessFile ("myfile. txt");

D. RandomAccessFile raf＝new RandomAccessFile (new File("myfile. txt"));

4. 下面(　　　)方法返回的是文件的绝对路径。

A. getCanonicalPath() B. getAbsolutePath()

C. getCanonicalFile() D. getAbsoluteFile()

5. 在 File 类提供的方法中,用于创建目录的方法是(　　　)。

A. mkdir() B. mkdirs() C. list() D. listRoots()

6. 程序如果要按行输入/输出文件中的字符,最合理的方法是采用(　　　)。

A. BufferedReader 类和 BufferedWriter 类

B. InputStream 类和 OutputStream 类

C. FileReader 类和 FileWriter 类

D. File_Reader 类和 File_Writer 类

7. RandomAccessFile 类的(　　　)方法可用于设置文件定位指针在文件中的位置。

A. readInt B. readLine C. seek D. close

8. 下面(　　　)流类使用了缓冲区技术。

A. BufferadOutputStream B. FileInputStream

C. DataOutputStream D. FileReader

三、阅读程序题

1. 写出以下程序的功能。

```
import Java.io. * ;
public class C {
    public static void main(String[] args) throws IOException {
        File inputFile=new File("a1.txt");
        File outputFile=new File("a2.txt");
        FileReader fin=new FileReader(inputFile);
        FileWriter fout=new FileWriter(outputFile);
        int t;
        while ((t=fin.read()) !=-1)
            fout.write(t);
        fin.close();
        fout.close();
    }
}
```

2. 写出以下程序的功能。

```
import Java.util. * ;
import Java.io. * ;
```

```
public class C {
    public static void main(String[] args) throws IOException {
        int b;
        FileInputStream fIn=new FileInputStream("test.txt");
        while ((b=fIn.read()) !=-1) {
            System.out.print((char) b);
        }
    }
}
```

四、编程题

1. 输出 d:\myFile.txt 文件的基本信息(路径、文件名、大小、最后修改时间等)。

2. 上题中给出的文件名若为目录(如名为 file.txt 的目录),列出该目录下的所有文件。

3. 设计一个类,实现从 d:\input.txt 文件中读入数据到字符数组 cBuffer 中,然后再写入到文件 d:\output.txt 中。

第 8 章

Java 集合框架

Java 的集合框架,其核心主要有 3 类:List、Set 和 Map。List 和 Set 继承了 Collection,而 Map 则自成一体。集合框架和数组相比效率高,长度不定,经常用于存储从数据库或者文件中读取的记录。本章介绍几种不同的框架,再结合 Java 输入输出流的内容,将从文件中读取到的学生信息放到集合框架中,并将处理后的信息再写入文件。

集合框架的遍历也是比较常见的操作,程序员经常会采用迭代器(Iterator)来遍历集合框架中的内容。Java 1.5 版本后增加的泛型也给遍历带来了方便,改进了集合框架的使用。

技能目标

理解 List 集合框架的使用。

理解 Map 框架的使用。

了解使用 Iterator 迭代器遍历集合框架。

了解泛型。

8.1 使用 List 集合随机选取学生

任务描述

在第 7 章中,把班级学生信息存放到了文件中,每个班级的人数都不一样,那么要把学生信息读入内存,需要用到什么数据结构来存储呢?另外,如何知道每个班有多少人,然后灵活地取出学生信息呢?

任务分析

很显然,采用数组不能满足每个班不同同学人数的要求,也很难一下子知道每个班的人数,所以可采用集合框架来处理这种长度随时可改变的数据集合。Java.util 包提供了这些框架集合类。

相关知识与实施步骤

1. 使用 List 存放文件内容

下面的实例将采用 List 存储从文件中读取的学生信息。首先在 Eclipse 中新建工程文件 ch0800，然后在 ch0800 文件夹下面新建一个 data 文件夹，在 data 文件夹下准备好 3 个数据文件，分别是 className.txt、"12 游戏软件"和"12 网编 1"，其中 className.txt 文件内容是班级名称信息，如图 8-1 和图 8-2 所示。

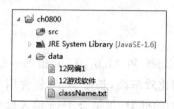

图 8-1　文件准备　　　　　　　　　　图 8-2　className. txt 文件内容

在"12 游戏软件"和"12 网编 1"文件中分别存放两个班的学生数据，分别是学号、姓名、平时成绩，如图 8-3 所示。

12游戏软件			12网编1		
0110120101	李林	0	0104120101	李相操	0
0110120102	郑宇	0	0104120102	陈威	0
0110120103	宁树文	0	0104120103	刘家权	0
0104120104	郑文锋	0	0104120104	郑文锋	0
0110120105	赖增辉	0	0104120105	梁国泉	0
0110120106	肖志华	0	0104120106	萧钦明	0
0110120107	郑志豪	0	0104120107	李恒辉	0
0110120108	叶剑柔	0	0104120108	朱永基	0
0110120109	巫城基	0	0104120109	黄杰鹏	0
0110120110	林森权	0	0104120110	朱泽贤	0
0110120111	傅钰成	0	0104120111	林麒天	0
0110120112	劳炽业	0	0104120112	陈腾	0

图 8-3　文件中的部分内容

下面，开始分析功能需求和代码编写。

（1）获取班级名称信息，并在控制台输出有几个班和每个班的名称。

先编写 ClassName 类，这个类包含一个获取班级名称的方法，如代码 8-1 所示。

```java
//代码 8-1
package kgy.util;

import Java.io.BufferedReader;
import Java.io.FileNotFoundException;
import Java.io.FileReader;
import Java.io.IOException;
import Java.util.ArrayList;
import Java.util.List;

public class ClassName {
    public static List <String>getClassName(){
```

```
List <String>classes=new ArrayList <String>();//产生集合类对象
/* 读取班级名称信息 */
try {
    BufferedReader finput = new BufferedReader (new FileReader ("data\\
        className.txt"));                      //产生输入流
    String s="";
    while((s=finput.readLine())!=null){  //一行一行地读取内容,直到文件尾
        classes.add(s);                        //将班级名称存入集合对象中
    }
    finput.close();                            //关闭输入流
} catch (FileNotFoundException e) {
    e.printStackTrace();
} catch (IOException e) {
    e.printStackTrace();
}
return classes;
}
}
```

（2）编写代码在 main()方法中输出有几个班级和具体的班级名称,如代码 8-2 所示。

```
//代码 8-2
package kgy.util;
import Java.util.List;
public class ClassNameTest {
    public static void main(String[] arg){
        List <String>classes=ClassName.getClassName();
        System.out.println("共有"+classes.size()+"个班!\n 分别是: ");
        //调用 List 对象的 size 方法,就可以知道有几个班级
        int num=1;
        //遍历 classes 链表
        for(String name:classes){
        //通过泛型集合和增强型的 for 循环,很容易遍历集合内容
            System.out.println(num +":\t"+name);
            num++;
        }
    }
}
```

运行代码 8-2,控制台输出结果如下。

共有 2 个班!
分别是:
1:　　12 网编 1
2:　　12 游戏软件

由上面的代码看到,在代码 8-1 中采用语句

List <String>classes=new ArrayList <String>();

产生一个集合对象,<String>表明这个对象只存储 String 类型的数据,这就是 Java 1.5

版本中所指的泛型。有了这个泛型之后，在存储时就不容易出错，因为早期的版本中可以存放任何 Object 对象，从而很容易把不同的类对象都放在一个集合中，在从集合对象中取出数据时就会因为强制类型转换不对而出错。代码 8-1 中的 classes 是一个只能存储 String 对象的链表，所以从输入流中读出数据时可以通过 List 对象的 add()方法把班级名称存入 classes 链表中。

在代码 8-2 中，首先调用了 ClassName. getClassName()方法为 main()方法中的 classes 链表赋值，然后通过 size()方法来获得班级个数，由于定义的时候使用了泛型，很容易通过增强型的 for 循环遍历链表。因为 classes 链表中存放的都是 String 类型，所以通过 String s：classes 可将 classes 链表中的数据一个个取出来放在局部变量 s 中，从而实现遍历功能。

2. 更多的链表操作

在上面的实例中，很容易就找到了班级信息，那么能否通过在控制台输入选择的班级，然后把班级学生人数和学生信息显示出来呢？

在下面的实例中，将进一步介绍 List 链表的一些常用方法，来达到这个要求。首先编写类 StudentBiz(Biz 是 business 缩写，意思是学生业务逻辑类)，在这个类中，编写一个带班级名称参数的方法 getStudents(String className)，这个方法的功能是根据参数 className 的值，去读取相应班级的学生信息，如代码 8-3 所示。

```java
//代码 8-3
package kgy.util;

import Java.io.BufferedReader;
import Java.io.FileNotFoundException;
import Java.io.FileReader;
import Java.io.IOException;
import Java.util.ArrayList;
import Java.util.List;

public class StudentBiz {
    public static List <Student>getStudents(String className){
        List <Student>students=new ArrayList <Student>();//产生集合类对象
        //根据班级名称读取班级学生信息
        try {
            BufferedReader finput=new BufferedReader(new FileReader("data\\"+
                className));
            String s="";
            while((s=finput.readLine())!=null){
                String[] str=s.split(" ");
                Student stu=new Student(str[0],str[1],Integer.parseInt(str[2]));
                                                            //产生学生对象
                students.add(stu);                          //将学生对象存入集合对象中
            }
            finput.close();
```

```
        } catch (FileNotFoundException e) {
            e.printStackTrace();
        } catch (IOException e) {
            e.printStackTrace();
        }
        return students;
    }
}
```

修改代码 8-2 中的 main()方法,用户选择哪个班,就输出哪个班的学生信息和学生人数,如代码 8-4 所示。

```
//代码 8-4
package kgy.util;

import Java.util.List;
import Java.util.Scanner;

public class StudentDataTest {
    public static void main(String[] arg){
        System.out.println("---------- 欢迎进入随机点名系统----------");
        List <String>classes=ClassName.getClassName();
        System.out.println("共有"+classes.size()+"个班!\n分别是:");
                            //调用 List 对象的 size 方法,就可以知道有几个班级

        int num=1;
        //遍历 classes 链表
        for(String name:classes){//通过反省集合和增强型的 for 循环,很容易遍历集合内容
            System.out.println(num +":\t"+name);
            num++;
        }
        System.out.println("请选择班级(输入序号即可): ");
        Scanner input=new Scanner(System.in);
        int classNameNo=input.nextInt();

        /* 根据班级名称获取相应班级学生的信息 */
        List <Student>students=StudentBiz.getStudents(classes.get
                                                    (classNameNo-1));

        System.out.println(classes.get(classNameNo-1)+"班共有"+students.size()+
            "名学生!");
        for(int i=0; i <students.size(); i++){
                            //采用增强型 for 会更简洁: for(Student stu:students)
            Student stu=students.get(i);   //从链表中取出学生对象
            System.out.println(stu.getId()+"\t"+stu.getName()+"\t"+
                stu.getScore());
        }
    }
}
```

运行上面的代码,输入1或者2,就会在控制台上输出相应的班级学生信息。

```
----------欢迎进入随机点名系统----------
共有 2 个班!
分别是:
1:        12 网编 1
2:        12 游戏软件
请选择班级(输入序号即可):
2
12 游戏软件班共有 56 名学生!
0110120101        李林        0
0110120102        郑宇        0
0110120103        宁树文      0
0104120104        郑文锋      0
0110120105        赖增辉      0
0110120106        肖志华      0
...
```

代码 8-3 中采用输入流和链表配合,将学生数据读入链表中,在代码 8-4 中,根据用户的选择,输出用户需要的班级信息以及班级内的学生信息。List 链表提供了 get (index)方法,可以根据索引号获得相应的数据。在代码 8-4 中使用了两次,第一次是根据用户输入的序号找到相应的班级名称。

```
List <Student>students=StudentBiz.getStudents(classes.get(classNameNo-1));
```

classes. get(classNameNo-1)根据用户输入的序号 classNameNo,用 classNameNo-1 获得对应的索引(索引都是从 0 开始的),再调用 get()方法得到班级名称,通过班级名称得到班级学生信息。

第二次使用 get(index)方法是为了获取学生信息。

```
Student stu = students.get(i);
```

通过上面的示例,读者应该对 List 集合类有了一些了解,它们主要是用于存储一些事先不知道个数的集合对象,对信息的存储和取出都非常方便,所以集合类经常用于存储从数据库取出的记录和从文件读取的记录,上例中就完成了从文件中读取学生记录再存入集合的应用。

提示:List 是一个接口,实现这个接口的类有 ArrayList、LinkedList、Vector 等,其中 ArrayList、LinkedList 非常常用,Vector 在早期版本中使用。

8.2 集合框架的结构

任务描述

在 8.1 节中感受到 List 集合的魅力后,相信大家也很希望了解一下其他框架,Java 的集合框架分两部分,一部分是 Collection,一部分是 Map,接下来来了解一下它们的结构组成。

任务分析

Java 的集合框架提供了一套设计优良的接口和类,使程序员操作成批的数据或对象元素时极为方便。这些接口和类有很多对抽象数据类型操作的 API,例如 Maps、Sets、Lists、Arrays 等。并且 Java 用面向对象的设计对这些数据结构和算法进行了封装,这就极大地减轻了程序员编程时的负担。程序员也可以以这个集合框架为基础,定义更高级别的数据抽象,比如栈、队列和线程安全的集合等,从而满足自己的需要。

相关知识与实施步骤

1. 集合框架包含的内容

自 Java 1.2 之后的 Java 版本统称为 Java 2,但从 1.5 版本后,又基本重新统称 Java 了,从 Java 1.2 之后,Java 中的容器类库才可以说是一种真正意义上的集合框架的实现。它在整体上重新进行了设计,但是又将 Java 1 中的一些容器类库保留在了新的设计中,这主要是为了实现向下兼容的目的,当用 Java 1.5 及其后版本开发程序时,应尽量避免使用它们,Java 1.5 的集合框架已经完全可以满足用户需求。集合框架主要由一组用来操作对象的接口组成,不同接口描述一组不同的数据类型。Java 集合框架结构图如图 8-4 所示。

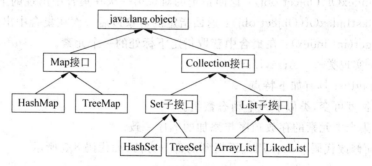

图 8-4 Java 集合框架结构图

Java 中集合类的定义主要在 Java. util. * 包下面,集合框架共有两大类接口,collection、Map,其中 collection 有两个子接口 List 和 Set,通常说 Java 集合框架共有三大类接口:List、Set 和 Map。它们的共同点在于都是集合接口,都可以用来存储很多对象。它们的区别如下。

(1) Collection 接口存储一组不唯一(允许重复)、无序的对象。

(2) Set 接口继承 Collection 接口,存储一组唯一(不允许重复)、无序的对象。

(3) List 接口继续 Collection 接口,存储一组不唯一(允许重复)、有序(以元素插入的次序来放置元素,不会重新排列)的对象。

(4) Map 接口存储一组成对的键-值对象,提供 key(键)到 value(值)的映射。Map 中的 key 不要求有序,不允许重复。Value 同样不要求有序,且允许重复。

接下来将一一介绍这几个接口。

2. List 接口

List 是有序的 Collection，使用此接口能够精确地控制每个元素插入的位置。用户能够使用索引（元素在 List 中的位置，类似于数组下标）来访问 List 中的元素，这类似于 Java 的数组。和下面要提到的 Set 不同，List 中允许有相同的元素。因为继承了 Collection 接口，所以 List 具有 Collection 中的全部方法，并添加了一些自己的新方法。

（1）Collection 中的方法

① add(Object obj)：向类集中添加一个元素。

② addAll(Collection c)：将一个类集中的所有元素添加到该类集中。

③ remove(Object obj)：从类集中删除一个元素。

④ removeAll(Collection c)：从当前类集中删除指定的类集。

⑤ size()：返回集合中元素的个数。

⑥ toArray()：返回一个数组，由该集合中所有的元素组成。

（2）List 新添加的方法

① add(int index,Object obj)：在集合中指定 index 的位置上添加一个对象，作为该集合的一个元素。

② addAll(int index,Object obj)：在集合中指定 index 的位置上添加另外一个集合。

③ indexOf(Object obj)：返回指定的对象第一次在集合中出现的下标值。

④ lastIndexOf(Object obj)：返回指定的对象最后一次在集合中出现的下标值。

⑤ get(int index)：在集合中获取指定下标处的一个元素。

（3）实现类——ArrayList

ArrayList 具有如下特点。

① 长度可变，类似于一个动态数组。

② 集合中元素的存放顺序与添加的顺序一致。

下面修改代码 8-4，使用上面提到的部分方法，如代码 8-5 所示。

```java
//代码 8-5
package kgy.util;
import Java.util.List;
public class StudentArrayListTest {
    public static void main(String[] arg){

        /*根据班级名称获取相应班级学生的信息*/
        List <Student>students=StudentBiz.getStudents("12 网编 1");
        System.out.println("12 网编 1 班共有"+students.size()+"名学生!");
                                                            //获取学生人数
        Student s1=new Student("1","张三",0);
        Student s2=new Student("2","李四",0);
        students.add(0,s1);
        System.out.println("第一个元素为："+students.get(0));
        students.remove(0);
```

```
System.out.println("第一个元素变为: "+students.get(0));
System.out.println("本班中是否有李四这个同学?"+students.contains(s2));
students.add(10,s2);
System.out.println("这次本班中是否有李四这个同学?"+students.contains(s2));

    }
}
```

运行代码8-5,获得如下结果。

12网编1班共有64名学生!
第一个元素为:1 张三 0
第一个元素变为:0104120301 陈伟南 0
本班中是否有李四这个同学? false
这次本班中是否有李四这个同学? true

由上面示例可以看出,使用List可以很高效地插入和删除元素,也可以判断某个元素是否存在等。总之,List提供了很多操作元素的方法,可以非常灵活地改变集合元素,所以会经常使用。

(4) 实现类——LinkedList

ArrayList类和数组很相似,是在内存中分配连续的空间单元来存储数据元素,但如果太过频繁地插入和删除数据,效率会降低。LinkedList类添加了一些处理列表两端元素的方法,对插入和删除元素的处理比ArrayList效率高很多,所以在需要频繁对链表进行插入删除操作时,可以考虑使用LinkedList。另外,LinkedList非常类似数据结构中的双向链表,经过处理可以得到"堆栈"、"队列"等数据结构。

LinkedList中的常用方法如下。

① void addFirst(Object o):将对象o添加到列表的开头。

void addLast(Object o):将对象o添加到列表的结尾。

② Object getFirst():返回列表开头的元素。

Object getLast():返回列表结尾的元素。

③ Object removeFirst():删除并且返回列表开头的元素。

Object removeLast():删除并且返回列表结尾的元素。

④ LinkedList():构建一个空的链接列表。

LinkedList(Collection c):构建一个链接列表,并且添加集合c的所有元素。

代码8-6展示了LinkList的部分功能。

```
//代码8-6
package kgy.util;
import Java.util.LinkedList;
import Java.util.List;
public class StudentLinkedListTest {
    public static void main(String[] arg){
        /* 根据班级名称获取相应班级学生的信息 */
        List <Student>students=StudentBiz.getStudents("12网编1");
```

```
LinkedList <Student>ll=new LinkedList <Student> (students);
System.out.println("12 网编 1 班共有"+ll.size()+"名学生!");//获取学生人数
Student s1=new Student("1","张三",0);
Student s2=new Student("2","李四",0);
ll.addFirst(s1);
System.out.println("第一个元素为: "+students.get(0));
ll.addLast(s2);
System.out.println("12 网编 1 班共有"+ll.size()+"名学生!");
System.out.println("本班中是否有李四这个同学?"+ll.contains(s2));
System.out.println("将第一个元素弹栈:"+ll.pop ());
    }
}
```

运行后的输出结果如下。

12 网编 1 班共有 64 名学生！
第一个元素为：0104120301 陈伟南 0
12 网编 1 班共有 66 名学生！
本班中是否有李四这个同学？true
将第一个元素弹栈:1 张三 0

3. Set 接口

Set 接口继承 Collection 接口,而且它不允许集合中存在重复项。Set 接口没有引入新方法,所以 Set 就是一个 Collection,只不过其行为不同。更确切地讲,Set 不包含满足 e1.equals(e2) 的元素对 e1 和 e2,并且最多包含一个 null 元素。正如其名称所暗示的,此接口模仿了数学上的 Set 抽象。如代码 8-7 所示,如果两次插入同一个元素,其实只会存储一个元素,而不是两个。

```
//代码 8-7
package kgy.util;
import Java.util.HashSet;
import Java.util.Iterator;

import Java.util.Set;

public class StudentHashSetTest {
    public static void main(String[] arg){

        Set <Student>set=new HashSet <Student> ();

        Student s1=new Student("1","张三",0);
        Student s2=new Student("2","李四",0);

        set.add(s1);
        set.add(s2);
        System.out.println("set 中共有"+set.size()+"名学生!");
        set.add(s2);
        set.add(s1);
```

```
System.out.println("set 中共有"+set.size()+"名学生!");

/* 遍历 set 中的所有元素 */
Iterator <Student>it=set.iterator();
while(it.hasNext()){
    System.out.println(it.next());
}

    }
}
```

运行后的输出结果如下。

```
set 中共有 2 名学生!
set 中共有 2 名学生!
2 李四 0
1 张三 0
```

从上面示例可以看出,虽然插入两次 s1 和 s2,但是 Set 序列中并不存在两个 s1 和 s2。这再一次说明了 Set 中不可能存在两个完全相同的元素。

提示:Set 不提供 get 方法,所以必须通过迭代器 Iterator 才可以遍历元素。

4. Map 接口

通常人们有这样一种功能需求,通过学生学号(键),方便快速地找到学生信息(值),删除这个学号,也就直接删除这个学生信息,应该如何实现这种键值对数据的存储和操作呢?

集合框架中的 Map 接口专门用于处理键值对映射数据的存储。Map 中键不可重复,值可以重复。ArrayList 能让用户用数字在一个对象序列里面进行选择,所以从某种意义上讲,它将数字和对象关联起来。但是,如果想根据其他条件在一个对象序列里面进行选择,那又该怎么做呢? Map 接口就是将键映射到值的对象。一个映射不能包含重复的键;每个键最多只能映射到一个值。Map 常用的方法如下。

(1) void clear():从调用映射中删除所有的关键字/值对。

(2) boolean containsKey(Object k):如果调用映射中包含了作为关键字的 k,则返回 true;否则返回 false。

(3) boolean containsValue(Object v):如果映射中包含了作为值的 v,则返回 true;否则返回 false。

(4) Object get(Object k):返回与关键字 k 相关联的值。

(5) boolean isEmpty():如果调用映射是空的,则返回 true;否则返回 false。

(6) Object put(Object k,Object v):将一个输入加入调用映射,覆盖原先与该关键字相关联的值。关键字和值分别为 k 和 v。如果关键字已经不存在了,则返回 null;否则,返回原先与关键字相关联的值。

下面通过示例代码 8-8 来说明 Map 的使用。

```
//代码 8-8
package kgy.util;
import Java.util.HashMap;
import Java.util.Iterator;
import Java.util.Map;

public class StudentHashMapTest {
    public static void main(String[] arg){

        Map <String,Student>map=new HashMap <String,Student> ();

        Student s1=new Student("1","张三",0);
        Student s2=new Student("2","李四",0);

        map.put("1", s1);
        map.put("2", s2);
        System.out.println("map 中共有"+map.size()+"名学生!");
        map.put("3", s2);
        System.out.println("map 中共有"+map.size()+"名学生!");
        System.out.println(map.keySet());
        System.out.println(map.values());

        /*通过键很容易找到相应的值*/
        Student sn=map.get("3");
        System.out.println(sn);

        /*遍历 map 中的所有元素*/
        System.out.println("开始遍历所有元素");
        Iterator <Student>it=map.values().iterator();
        while(it.hasNext()){
            System.out.println(it.next());
        }

    }
}
```

运行后的输出结果如下。

```
map 中共有 2 名学生!
map 中共有 3 名学生!
[3, 2, 1]
[2 李四 0, 2 李四 0, 1 张三 0]
2 李四 0
开始遍历所有元素
2 李四 0
2 李四 0
1 张三 0
```

从上面的示例看出通过"3"很容易得到学生的信息,但是 Map 的遍历同样要使用迭代器来进行。

如果你知道 get 方法是怎么工作的,你就会发觉在 ArrayList 里面找对象其实是相当慢的。而这正是 HashMap 的强项。它不是慢慢地一个个去找这个键,而是用了一种被称为 hash code 的特殊值来进行查找。散列(Hash)是一种算法,它会从目标对象当中提取一些信息,然后生成一个能表示这个对象的"相对独特"的 int 值。hashCode()是 Object 根类的方法,因此所有 Java 对象都能生成 hash code。HashMap 则利用对象的 hashCode()来进行快速的查找,从而使性能得到大幅的提高。

8.3 迭 代 器

任务描述

前面的示例中,有两次用到迭代器来遍历 Set 和 Map,在 List 中都使用增强 for 循环(又叫 forEach)来遍历,那么这两种方式有什么联系和区别呢? 采用哪一种来进行遍历更好呢?

任务分析

迭代器是一种设计模式,它是一个对象,可以遍历并选择序列中的对象,而开发人员不需要了解该序列的底层结构。迭代器通常被称为"轻量级"对象,因为创建它的代价小。forEach 是在 Java 1.5 版本有了泛型以后,使用的一种比较简洁的遍历 List 的方法。

相关知识与实施步骤

在代码 8-7 中,采用以下一段代码来遍历 Set 序列当中的值。

```
Iterator <Student>it=set.iterator();
while(it.hasNext()){
    System.out.println(it.next());
}
```

在代码 8-8 中,也使用了 Iterator 来遍历 map 中的值序列。

```
Iterator <Student>it=map.values().iterator();
while(it.hasNext()){
    System.out.println(it.next());
}
```

从上面两个示例中可以看出,Iterator 通常和集合框架以及泛型配合使用,先使用集合对象的 iterator()方法获取 Iterator 对象;然后通过 Iterator 的.hasNext()方法判断是否有元素,有则返回 true,否则返回 false 来作为循环判断的条件;最后在循环里面使用 next()方法来获得元素对象。从这两个示例可以大致了解 Iterator 的使用方法和场合,下面再从几个方面来了解一下 Iterator 接口。

Java 中的 Iterator 功能比较简单,并且只能单向移动,下面分别从 Iterator 的定义、使用以及和 forEach 的比较等方面来了解学习 Iterator 接口。

（1）Iterator 定义

Java 提供了一个专门的迭代器＜＜interface＞＞Iterator，可以对某个序列实现该 interface，来提供标准的 Java 迭代器。Iterator 接口实现后的功能是"使用"一个迭代器。

文档定义如下。

```
package  Java.util;
public interface Iterator <E>{
    boolean hasNext(); //判断是否存在下一个对象元素
    E next();
    void remove();
}
```

（2）Iterable 接口

Java 中还提供了一个 Iterable 接口，Iterable 接口实现后的功能是"返回"一个迭代器，常用的实现了该接口的子接口有 Collection＜E＞、Deque＜E＞、List＜E＞、Queue＜E＞、Set＜E＞ 等。该接口的 iterator()方法返回一个标准的 Iterator 实现。实现这个接口允许对象成为 Foreach 语句的目标。这样就可以通过 Foreach 语法遍历序列。

Iterable 接口包含一个能够产生 Iterator 的 iterator()方法，并且 Iterable 接口被 foreach 语句用来在序列中移动。因此，如果创建了任何实现 Iterable 接口的类，都可以将它用于 foreach 语句中。

```
package  Java.lang;
import  Java.util.Iterator;
public interface Iterable <T>{
    Iterator <T>iterator();
}
```

接口 Iterator 在不同的子接口中会根据情况进行功能的扩展，例如针对 List 的迭代器 ListIterator，该迭代器只能用于各种 List 类的访问。ListIterator 可以双向移动，添加了 previous()等方法。

（3）Iterator 的方法

① 使用方法 iterator()要求容器返回一个 Iterator。第一次调用 Iterator 的 next()方法时，它返回序列的第一个元素。

注意：iterator()方法定义在 Java.lang.Iterable 接口中，被 Collection 继承。

② 使用 next()获得序列中的下一个元素。

③ 使用 hasNext()检查序列中是否还有元素。

④ 使用 remove()将迭代器新返回的元素删除。

Iterator 是 Java 迭代器最简单的实现，为 List 设计的 ListIterator 具有更多的功能，它可以从两个方向遍历 List，也可以在 List 中插入和删除元素。

（4）Iterator 与泛型搭配

Iterator 对集合类中的任何一个实现类都可以返回这样一个 Iterator 对象，可以适用于任何一个类。

因为集合类（List 和 Set 等）可以装入的对象类型是不确定的，从集合中取出时都是

Object 类型,在使用时都需要进行强制转化,这样会很麻烦,用上泛型,就是提前告诉集合确定要装入的类型,这样就可以直接使用而不用显式类型转换,非常方便。

(5) forEach 和 Iterator 的关系

forEach 是 JDK 5.0 新增加的一个循环结构,可以用来处理集合中的每个元素而不用考虑集合下标。其格式如下。

```
for(variable:collection){ statement; }
```

上述代码定义一个变量用于暂存集合中的每一个元素,并执行相应的语句(块)。collection 必须是一个数组或者是一个实现了 Iterable 接口的类对象。

可以看出,使用 forEach 循环语句的优势在于更加简洁,更不容易出错,不必关心下标的起始值和终止值。

forEach 不是关键字,关键字还是 for,语句是由 Iterator 实现的,它们最大的不同之处就在于 remove()方法上。

一般调用删除和添加方法都是具体集合的方法,例如:

```
List list=new ArrayList();
list.add(...);
list.remove(...);
```

但是,如果在循环的过程中调用了集合的 remove()方法,就会导致循环出错,因为循环过程中 list.size()的大小发生了变化,就导致了错误。所以,如果想在循环语句中删除集合中的某个元素,就要用迭代器 Iterator 的 remove()方法,因为它的 remove()方法不仅会删除元素,还会维护一个标志,用来记录目前是不是可删除状态,例如,用户不能连续两次调用它的 remove()方法,调用之前至少有一次 next()方法的调用。

forEach 就是为了在用 Iterator 循环访问时的形式更简单,写起来更方便。当然功能不太全,所以如有删除操作,还是要用它原来的形式。

(6) 使用 for 循环与使用迭代器 Iterator 的对比

两者在效率上各有优势:采用 ArrayList 对随机访问比较快,而 for 循环中的 get()方法采用的即是随机访问的方法,因此在 ArrayList 里,for 循环较快;采用 LinkedList 则是顺序访问比较快,Iterator 中的 next()方法采用的即是顺序访问的方法,因此在 LinkedList 里,使用 Iterator 较快。

从数据结构角度分析,for 循环适合访问顺序结构,可以根据下标快速获取指定元素,而 Iterator 适合访问链式结构,因为迭代器是通过 next()和 pre()来定位的,可以访问没有顺序的集合。

8.4 Java 泛型

任务描述

Java 1.5 以后的版本,为什么要引入泛型? 泛型有什么作用?

任务分析

Java 语言中引入泛型是一个较大的功能增强。不仅语言、类型系统和编译器有了较大的变化以支持泛型,而且类库也进行了大翻修,所以许多重要的类,比如集合框架,都已经成为泛型化的了。这带来了很多好处:类型安全、消除强制类型转换、潜在的性能收益,等等。

相关知识与实施步骤

泛型

在 JDK 1.5 中,几个新的特征被引入 Java 语言。泛型(Generic type 或者 Generics)是对 Java 语言的类型系统的一种扩展,以支持创建可以按类型进行参数化的类。可以把类型参数看做使用参数化类型时指定类型的一个占位符,就像方法的形式参数是运行时传递的值的占位符一样。

可以在集合框架(Collection framework)中看到泛型的动机。在本章示例中多次用到集合的定义如下所示。

```
List <Student>students=new ArrayList <Student>();
Set <Student>set=new HashSet <Student>();
Map <String,Student>map=new HashMap <String,Student>();
```

这几个定义与普通的对象定义多了一对“< >”,为了方便理解,首先来比较一下如下两个示例的执行。

```
//代码 8-9
package kgy.util;
import Java.util.HashSet;
import Java.util.Iterator;
import Java.util.Random;

import Java.util.Set;

public class StudentHashSetTest {
    public static void main(String[] arg){
        Set <Student>set=new HashSet <Student>();
        Student s1=new Student("1","张三",0);
        Student s2=new Student("2","李四",0);

        set.add(s1);
        set.add(s2);
        set.add("123");//代码出错,类型不匹配
        System.out.println("set 中共有"+set.size()+"名学生!");
        set.add(s2);
        set.add(s1);
        System.out.println("set 中共有"+set.size()+"名学生!");
```

```
        /*遍历set中的所有元素*/
        Iterator<Student>it=set.iterator();
        while(it.hasNext()){
            System.out.println(it.next());
        }


    }
}
```

在代码8-9中增加了"set.add("123");",系统报错,系统提示需要在Set中增加Student类型,而现在增加的是String类型。所以在定义Set的时候,事先就指定好了序列里面只能放Student类型的数据,如果类型不正确,系统就会报错,以此增强程序的安全性和健壮性。

同样地,再来看代码8-10。

```
//代码8-10
package kgy.util;
import Java.util.HashSet;
import Java.util.Iterator;
import Java.util.Random;

import Java.util.Set;

public class GenericTest {
    public static void main(String[] arg){
        Set set=new HashSet();

        Student s1=new Student("1","张三",0);
        Student s2=new Student("2","李四",0);

        set.add(s1);
        set.add(s2);
        set.add("123");
        System.out.println("set中共有"+set.size()+"名学生!");
        /*遍历set中的所有元素*/
        Iterator it=set.iterator();
        while(it.hasNext()){
            System.out.println(it.next());
        }

    }
}
```

代码8-10虽然也在Set序列中增加了Student和String类型,但是顺利通过系统检查,并且可以运行,运行结果如下。

```
set中共有3名学生!
1 张三 0
123
```

2 李四 0

可以清楚地看到,在定义集合类对象的时候,不用泛型。

```
Set set = new HashSet();
```

那么这个集合里面就可以装任何对象,系统也不会检查,而且输出也不会报错,这就增加了程序出错的可能,所以增加泛型后程序更加安全、健壮。

有了泛型的第二个好处是,在使用 forEach 遍历集合的时候,不需要进行强制类型转换,再看代码 8-2 中的以下片段。

```
for(String name:classes){
    System.out.println(num +":\t"+name);
    num++;
}
```

如果上面的 classes 没有通过使用泛型说明是 String 类型的,那么 for(String name:classes)就会出错,因为系统从 classes 集合中拿出来的对象是 Object 类型的,必须经过强制类型转换才可以输出。也就是说,如果 classes 没有泛型说明,上面的语句必须改为下面的方式才能正确运行。

```
for(int i=0; i<classes.size(); i++){
    String name= (String)classes.get(i);//必须经过强制类型转换
    System.out.println(num +":\t"+name);
    num++;
}
```

可以看出,有了泛型说明之后,取出元素之后就不需要强制类型转换,系统自动就知道是什么类型元素,这使得代码简洁易懂。

总之,Java 语言中引入泛型是一个较大的功能增强。不仅语言、类型系统和编译器有了较大的变化,以支持泛型,而且类库也进行了大翻修,此外许多重要的类,比如集合框架,都已经成为泛型化的了。这带来了很多好处。

(1) 类型安全。泛型的主要目标是提高 Java 程序的类型安全。通过知道使用泛型定义的变量的类型限制,编译器可以在一个高得多的程度上验证类型假设。没有泛型,这些假设就只存在于程序员的头脑中(或者如果幸运,还存在于代码注释中)。

Java 程序中的一种流行技术是定义这样的集合,即它的元素或键是公共类型的,比如"String 列表"或者"String 到 String 的映射"。通过在变量声明中捕获这一附加的类型信息,泛型允许编译器实施这些附加的类型约束。类型错误现在就可以在编译时被捕获了,而不是在运行时当作 ClassCastException 展示出来。将类型检查从运行时挪到编译时更容易找到错误,并可提高程序的可靠性。

(2) 消除强制类型转换。泛型的一个附带好处是,消除了源代码中的许多强制类型转换。这使得代码更加可读,并且减少了出错机会。

本 章 小 结

和数组一样，List 也把数字下标同对象联系起来，可以把数组和 List 想成有序的容器。List 会随元素的增加自动调整容量。

如果要经常做随机访问，那么请用 ArrayList，但是如果要在 List 中间做很多插入和删除，就应该用 LinkedList 了。LinkedList 能提供队列、双向队列和栈的功能。

Map 提供的不是对象与数组的关联，而是对象和对象的关联。HashMap 看重的是访问速度，因而它查找的效率很高。Set 只接受不重复的对象。HashSet 提供了最快的查询速度。

迭代器可以快速地遍历集合，迭代器没有 forEach 简洁，但是某些时候只能采用迭代器。泛型的使用可以提高代码的安全性和健壮性，建议在集合类中都使用泛型。

上机练习 8

1. 通过输入流和 List 的配合读取班级名称。

需求说明：首先在一个名为 className.txt 的文件中写上几个班级名称，然后使用输入流存入 List 链表中，并输出到控制台上，如图 8-5 所示。

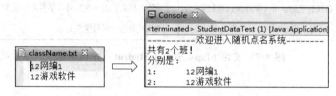

图 8-5 通过输入流和 List 的配合读取班级名称

2. 把选择的班级中学号以"5"结尾的学生信息输出在控制台上。

需求说明：选择班级后，把学生信息存入 List 中，然后查找哪些学生学号是以"5"结尾的并输出在控制台上，如图 8-6 所示。

3. 使用 Map＜String，Student＞来查找学生。

需求说明：Sting 是学生的学号，可通过在键盘上输入学号快速地找到学生信息。如果学生存在，那么输出学生信息；如果不存在，输出"本班没有这个学号学生!"，如图 8-7 所示。

4. 随机点名。

需求说明：选择班级后，随机选出 1 位同学的信息输出在控制台上。如果还要继续点名，那么继续选出 1 位同学输出在控制台上，注意学生不能选重复。继续重复上面的操作，直到选择退出为止，如图 8-8 所示。

提示：随机数产生可以使用以下代码。

```
Random random=new Random();//在 Java.util 包下面,需要导入
index=random.nextInt(100); //可以产生[0,99]的整型数据
```

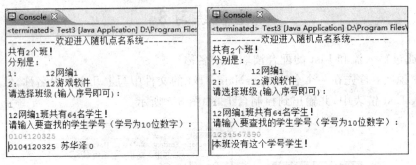

图 8-6 查找学号以"5"结尾的学生信息并输出在控制台上

图 8-7 使用 Map＜String, Student＞查找学生

图 8-8 随机点名

习　题　8

一、单项选择题

1. 构造 ArrayList 类的一个实例,此类继承了 List 接口,下列方法正确的是(　　)。

　　A. ArrayList myList＝new Object();

　　B. List myList＝new ArrayList();

　　C. ArrayList myList＝new List();

　　D. List myList＝new List();

2. 用如下所示的方式生成的 Vector 实例 new Vector(5,10),试图向其中添加第 6 个对象时,(　　)。

　　A. 产生 IndexOutOfBounds 异常

　　B. Vector 会自动增加其容量到 10

　　C. Vector 会自动增加其容量到 15

　　D. 不会发生什么,因为在添加第 5 个对象后,容量已经自动增加到了 10

3. (　　)所存储的元素是不能重复的、被排序的。

　　A. Java. uil. Map　　　　　　　　　　B. Java. util. Set

　　C. Java. util. List　　　　　　　　　 D. Java. util. Collection

4. 正确答案是(　　)。

```
import Java.util. * ;
public class TestListSet{
    public static void main(String args[]) {
        List list=new ArrayList();
        list.add("Hello");
        list.add("Learn");
        list.add("Hello");
        list.add("Welcome");
        Set set=new HashSet();
        set.addAll(list);
        System.out.println(set.size());
    }
}
```

　　A. 编译不通过　　　　　　　　　　B. 编译通过,运行时异常

　　C. 编译运行正常,输出 3　　　　　D. 编译运行正常,输出 4

二、简答题

1. 集合类中为什么要引入泛型机制?

2. 简述 ArrayList、Vector、LinkedList 的存储性能和特性。

3. Collection 和 Collections 有什么区别?

三、阅读程序题

1. 写出下面程序的运行结果。

```java
import Java.util.Arrays;
public class SortArray {
    public static void main(String args[]) {
        String[] str={ "size", "abs", "length", "class" };
        Arrays.sort(str);
        for (int i=0; i <str.length; i++)
            System.out.print(str[i]+"_");
    }
}
```

2. 写出下面程序的运行结果。

```java
import Java.util.*;
public class TestList{
    public static void main(String args[]) {
        List list=new ArrayList();
        list.add("Hello");
        list.add("World");
        list.add("Hello");
        list.add("Learn");
        list.remove("Hello");
        list.remove(0);
        for (int i=0; i <list.size(); i++) {
            System.out.println(list.get(i));
        }
    }
}
```

四、编程题

1. 请随机输入 10 个数字保存到 List 中，并按倒序显示出来。
2. 请把学生名与考试分数录入 Map 中，并按分数显示前 3 名学员的名字。

第 9 章

Java 图形用户界面

在前面几章中,都是采用控制台输入输出的方式进行人机交互操作。这种人机交流方式需要用户记忆大量的命令,并且操作烦琐、复杂、容易出错,不是太直观方便。在本章中,将采用图形用户界面(Graphics User Interface,GUI)来优化前面的案例,使用图形的方式,借助菜单、文本框、按钮等标准界面组件和鼠标及键盘的操作,帮助用户方便地向计算机系统发出指令,并将系统运行的结果同样以图形方式显示给用户。

Java Swing 是 Java 1.4 版本以后增加的一个重要内容,本章主要介绍 Swing 常用组件和容器的使用方法,并结合案例给出具体的使用过程。在 Java 语言中,可以自行设计程序的图形用户界面,使得程序运行效果更加直观、生动、活泼。设计和实现图形用户界面的工作主要有以下 3 个方面。

(1) 创建组件(Component):创建组成图形用户界面的各种元素,例如,文本框、标签、按钮、单选按钮、复选框、图片、菜单、对话框等。

(2) 指定布局(Layout):设置各个组件在图形用户界面中的相应位置。

(3) 响应事件(Event):定义当用户进行某些操作时,程序的执行情况,从而实现图形用户界面的人机交互功能。例如,当单击按钮、拖动鼠标或者在文本框中输入文字时,程序的反应。程序的反应结果一般也通过图形用户界面显示出来。

技能目标

理解图形用户界面。

理解常用组件和容器的使用。

理解常用事件的使用。

9.1 简单的图形用户界面

任务描述

将班级名称显示在图形用户界面中,如图 9-1 所示。

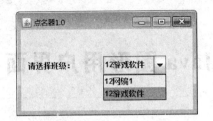

图 9-1 将班级名称显示在图形用户界面中

任务分析

首先要读取文本文件中班级的名称,然后将班级名称放置在下拉列表框中。

相关知识与实施步骤

1. 图形界面产生过程

(1) 环境准备

在本单元中,为了更方便地开发图形用户界面项目,可以采用 myeclipse 集成开发环境来进行开发;也可以在 eclipse 的基础上安装图形用户开发插件 swt Designer 插件来方便图形用户界面的开发,本单元中采用前者进行开发。

(2) 数据准备

新建一个项目工程文件 ch0900,和第 8 章一样在文件夹下创建 data 文件夹,并在 data 中创建 3 个数据文件,如图 9-2 所示。

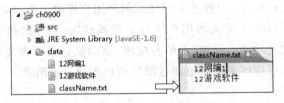

图 9-2 数据准备

(3) 读取数据

编写代码 9-1,利用 Java 输入/输出和集合框架把 className.txt 中的内容读出并放置在集合中。

```
//代码 9-1
package kgy.util;

import Java.io.BufferedReader;
import Java.io.FileNotFoundException;
import Java.io.FileReader;
import Java.io.IOException;
import Java.util.ArrayList;
import Java.util.List;
```

```
public class ClassName {
    public static List <String>getClassName(){
        List <String>classes=new ArrayList <String>(); //产生集合类对象
        /*读取班级名称信息*/
        try {
            BufferedReader finput=new BufferedReader(new FileReader("data\\
                className.txt"));                  //产生输入流
            String s="";
            while((s=finput.readLine())!=null){    //一行一行地读取内容,直到文件尾
                classes.add(s);                    //将班级名称存入集合对象中
            }
            finput.close();                        //关闭输入流
        } catch (FileNotFoundException e) {
            e.printStackTrace();
        } catch (IOException e) {
            e.printStackTrace();
        }
        return classes;
    }
}
```

（4）把数据放在图形界面中

① 在 ch0900 工程项目中,选中包,然后单击 File→New 选项→Other 命令,如图 9-3
所示。

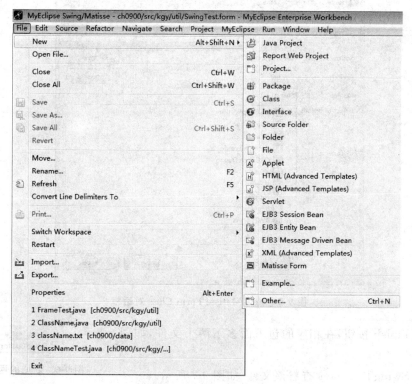

图 9-3 新建 JFrame 过程

② 打开 New 对话框，如图 9-4 所示，选择 Swing 选项，然后选择 Matisse Form 选项。

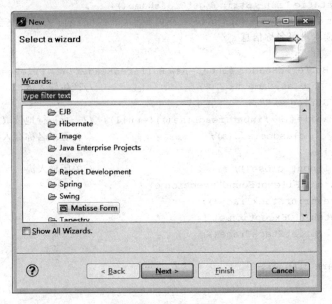

图 9-4　New 对话框

③ 单击 Next 按钮，选择 JFrame，在 Name 文本框中输入类名，如图 9-5 所示。

图 9-5　New Matisse Form Class 对话框

单击 Finish 按钮，在相应的包下面多了两个文件，如图 9-6 所示。

单击 SwingTest.java 查看该文件，如图 9-7 所示。

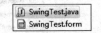

图 9-6　新增的两个文件

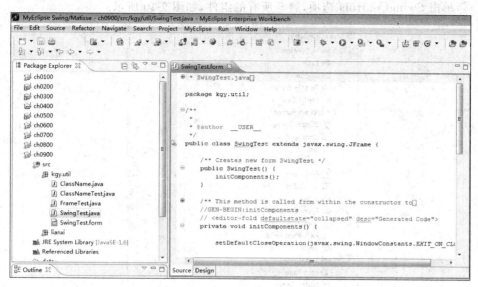

图 9-7 SwingTest.form 的 Source 界面

④ 可以看到,这个类继承了 JFrame。然后,单击左下角的 Design 按钮,切换到可视化操作界面,如图 9-8 所示。

图 9-8 SwingTest.form 的 Design 界面

⑤ 找到 Matisse Palette 窗口,如图 9-9 所示。

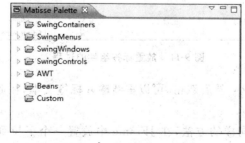

图 9-9 Matisse Palette 窗口

⑥ 单击 SwingControls 选项,展开所有的组件,如图 9-10 所示。

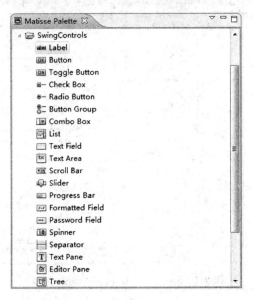

图 9-10 SwingControls 组件

⑦ 单击 Label 选项,然后在 SwingTest.form 对话框中单击,就可以在 JFrame 中放置一个标签组件,如图 9-11 所示。

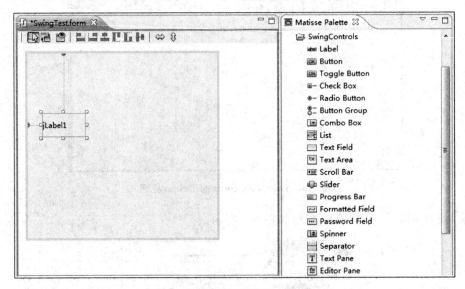

图 9-11 放置标签组件的过程

⑧ 调整标签组件大小,然后双击,可以重新输入标签文本,在此输入"请选择班级:",如图 9-12 所示。

⑨ 重复⑥~⑧,用同样的方法,在 JFrame 中放置一个下拉列表框(Combo Box)组件,如图 9-13 所示。

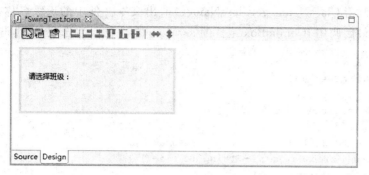

图 9-12　修改标签组件

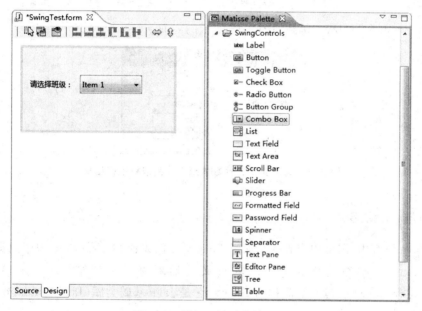

图 9-13　增加下拉列表框组件

⑩ 保存并运行 SwingTest.Java,得到如图 9-14 所示的对话框。

到此,已经初步建立了一个可视化界面,接下来,给这个界面增加一个标题,然后把从 className.txt 中得到的班级名称放到下拉列表框中。

① 单击 Source 按钮,回到代码界面,在构造方法中调用 JFrame 类的 setTitle()方法,为界面增加标题,如代码 9-2 所示。

图 9-14　SwingTest 运行结果

```
//代码 9-2
public SwingTest() {
    initComponents();
    this.setTitle("点名器 1.0");
}
```

② 通过调用 ClassName.getClassName()取出文本文件中的班级名称，然后转换为 String 数组，最后调用 JComboBox 组件的 setModel()方法设置选项，如代码 9-3 所示。

```
//代码 9-3
public SwingTest() {
    initComponents();
    this.setTitle("点名器 1.0");

    List <String>ls=ClassName.getClassName();
    String[] classNames=new String[ls.size()];
    ls.toArray(classNames);
    jComboBox1.setModel(new DefaultComboBoxModel(classNames));
}
```

运行 SwingTest.Java，得到如图 9-15 所示的界面。

图 9-15　读取文本文件数据到下拉列表框运行结果

2. JFrame 容器

在 Java 语言中，图形用户界面是通过 Java.awt 包或者 Javax.swing 包中的类来实现的。Java.awt 包一般简称为 AWT，其含义是抽象窗口工具箱（Abstract Windows Toolkit）；Javax.swing 包一般简称为 Swing，它是 Java 基础类库（Java Fundation Class，JFC）中的一员。

Swing 是 AWT 的扩展，它提供了许多新的图形界面组件。Swing 组件以"J"开头，除了有与 AWT 类似的按钮（JButton）、标签（JLabel）、复选框（JCheckBox）、菜单（JMenu）等基本组件外，还增加了一个丰富的高层组件集合，如表格（JTable）、树（JTree）。在 Javax.swing 包中，定义了两种类型的组件：顶层容器（JFrame、JApplet、JDialog 和 JWindow）和轻量级组件。

JFrame 是最简单最常用的 Swing 顶层容器，它含有一个内容框架（Content Pane），用来容纳所有的组件。JFrame 的创建、设置和显示方法如下。

（1）创建 JFrame：创建 JFrame 对象的常用格式有以下两种。

```
JFrame 对象名=new JFrame();
JFrame 对象名=new JFrame(String s);
```

如果使用第二种创建形式，则在创建 JFrame 的同时，也设置了其窗口标题的内容。例如，下面的语句创建了一个 JFrame 对象 f，且其窗口的标题为"欢迎学习 Java 语言"。

```
JFrame f=new JFrame("欢迎学习 Java 语言");
```

（2）添加组件：因为大多数组件不可以直接添加到 JFrame 中，所以使用 JFrame 的对象调用其 getContentPane()方法，返回一个 Frame 的内容框架（Content Pane）对象，然后再通过调用 add()方法将组件对象添加到内容框架中，格式如下。

```
JFrame 对象名.getContentPane().add(组件对象名);
```

（3）JFrame 类中的方法。

① pack()方法：将 JFrame 的窗口设置为根据其中所含的容器和组件的大小来决定，以能够容纳每个组件的最佳大小为准。

② setSize(w,h)方法：准确设置 JFrame 窗口的大小，其中 w 表示窗口的宽度，h 表示窗口的高度。

③ setBounds(x,y,w,h)方法：不仅可以准确设置 JFrame 窗口的大小，而且可以准确设置 JFrame 窗口在屏幕中的位置。其中 x 表示窗口左上角的 x 轴坐标值，y 表示窗口左上角的 y 轴坐标值，w 表示窗口的宽度，h 表示窗口的高度。

④ setBackground(颜色参数)方法：改变 JFrame 容器的背景颜色。例如，下面的语句将背景颜色设置为蓝色。

```
f.setBackground(Color.blue);
```

⑤ setTitle(String s)方法：设置窗口的标题。

⑥ setDefaultCloseOperation(参数)方法：用来控制当 JFrame 窗口被关闭后，Swing 应用程序的下一步操作。一般只使用 JFrame.EXIT_ON_CLOSE 作为参数，表示窗口被关闭后，自动结束程序运行。

（4）显示 JFrame 窗口：完成所有 JFrame 的创建和设置后，需要执行显示 JFrame 窗口的语句，才可以在屏幕上看到程序运行后图形用户界面的效果。显示 JFrame 窗口的格式有两种，这两种格式的效果是完全一样的。

```
JFrame 对象名.setVisible(true);
JFrame 对象名.show();
```

以上是创建和设置 JFrame 最常用的语句，下面的程序可以创建一个最简单的不含任何组件的 JFrame 窗口。

```
//代码 9-4
import Javax.swing.*;                //导入 Swing 包,以便使用其中的类
public class FrameTest{
  public static void main(String args[]){
    JFrame f=new JFrame();            //创建容器 JFrame 的对象 f
    //窗口关闭后结束程序
    f.setDefaultCloseOperation(JFrame.EXIT_ON_CLOSE);
    f.setBounds(100,100,300,200);     //设置其在屏幕中的显示位置及大小
    f.setTitle("欢迎学习 Java 语言");   //设置窗口的标题
    f.setVisible(true);               //显示对象 f
  }
}
```

将上面的程序保存在"我的 Java 程序"文件夹中,然后按照运行 Java Application 的方法运行程序,结果如图 9-16 所示。

图 9-16　JFrame 的使用

9.2　布局管理器和常用组件

任务描述

在 9.1 节的基础上,增加点名的功能,即在运行程序的时候,自动随机显示一个学生的信息在文本框中,如图 9-17 所示。

图 9-17　随机显示一个学生的信息

任务分析

首先要在文本框中显示对应班级的某个学生信息;其次要合理布局这些组件,使得界面美观大方。

相关知识与实施步骤

1. 常用组件

(1) 文本框组件

文本框组件用来接收和编辑用户输入文本框中的文本,只能显示一行,增加文本框组件步骤如下。

① 增加文本框组件,在 Matisse Palette 框中选择 Text Field,然后在 JFrame 中加入 Text Field 文本框,如图 9-18 所示。

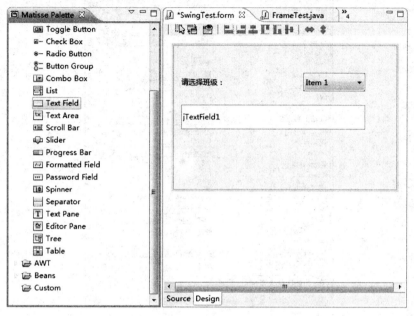

图 9-18　增加文本框

② 单击 Window 菜单,单击 Show View 子菜单中的 Properties 命令,如图 9-19 所示。

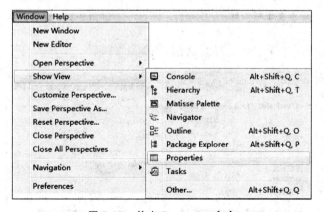

图 9-19　单击 Properties 命令

打开 Properties(属性)窗口,如图 9-20 所示。

③ 在属性栏里面有所有的文本框属性,最常用的属性是 text,将它修改为空,如图 9-21 所示。

也可以用代码修改 text 属性值,调用 JTextFiled 的 setText()方法即可。

```
jTextField1.setText("");
```

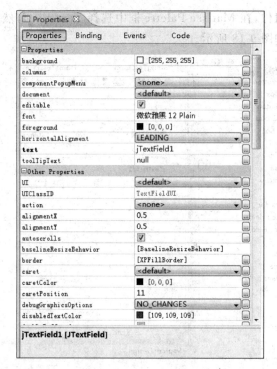

图 9-20 Properties 窗口

其他属性也可以设置，比如常见的字体设置，找到 font 属性栏，如图 9-22 所示。

图 9-21 设置文本框内容 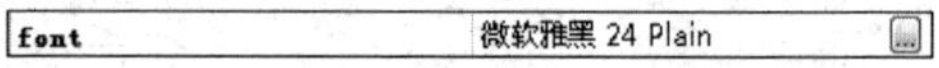   图 9-22 设置文本框字体

单击后面的按钮，打开字体选择对话框，如图 9-23 所示。

图 9-23 字体选择对话框

选择自己需要的字体,样式和字号等,然后单击 OK 按钮。

同样,也可以用代码来设置字体属性。

```
jTextField1..setFont(new Java.awt.Font("宋体", 0, 18));
```

提示:创建 JTextField 类对象的格式有以下 4 种。

```
JTextField 对象名=new JTextField();
JTextField 对象名=new JTextField(String s);
JTextField 对象名=new JTextField(int i);
JTextField 对象名=new JTextField(String s,int i);
```

其中,参数 s 表示在文本框中显示的内容,i 表示文本框的宽度。

(2) 按钮组件

按钮组件用来接收用户的命令,增加按钮组件的步骤如下。

① 增加按钮组件,在 Matisse Palette 框中选择 Button 选项,然后在 JFrame 中加入按钮,如图 9-24 所示。

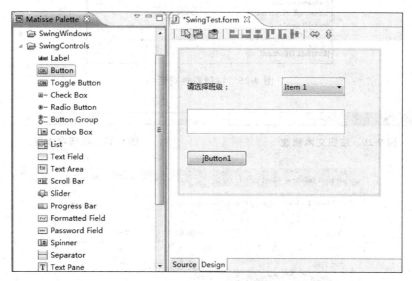

图 9-24 增加按钮

② 打开 Button 选项下的 Properties 窗口,如图 9-25 所示。

③ 在属性栏里面有所有的文本框属性,最常用的属性是 text,将它修改为"下一个",如图 9-26 所示。

也可以用代码修改 text 属性值,调用 JButton 的 setText()方法即可。

```
jButton1.setText("下一个");
```

同样,找到 font 属性栏,然后单击按钮,如图 9-27 所示。

单击后面的按钮,打开字体选择对话框,如图 9-28 所示。

选择自己需要的字体、样式和字号等,然后单击 OK 按钮。

同样,也可以用代码来设置字体属性。

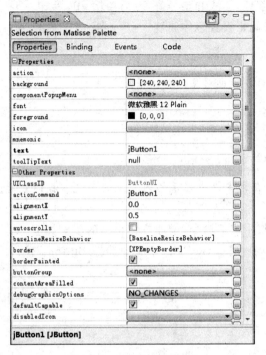

图 9-25　按钮属性对话框

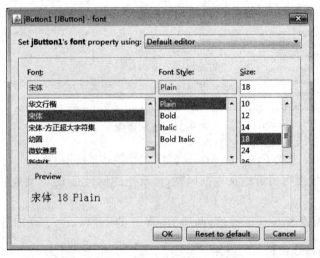

图 9-26　按钮文本修改 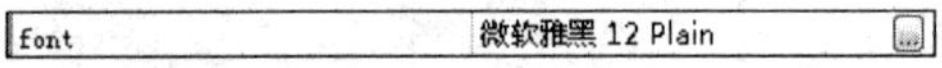　　　　　　　　图 9-27　按钮字体修改

图 9-28　字体选择对话框

```
jButton1.setFont(new Java.awt.Font("宋体", 0, 18));
```

用同样的方法再增加一个"退出"按钮。

（3）标签组件和下拉列表框

用同样的方法修改标签组件和下拉列表框的字体，修改后的界面如图 9-29 所示。

标签组件主要用来显示提示信息。下拉列表组件用来显示多个选项，下拉列表框设置值时需要用 String 类型的数组来设置，可以在 Properties 对话框中设置，也可以用代码设置，如图 9-30 和图 9-31 所示。

图 9-29 修改字体后的界面

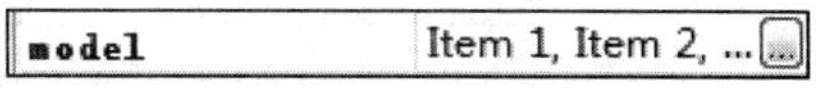

图 9-30 下拉列表框的 model 属性

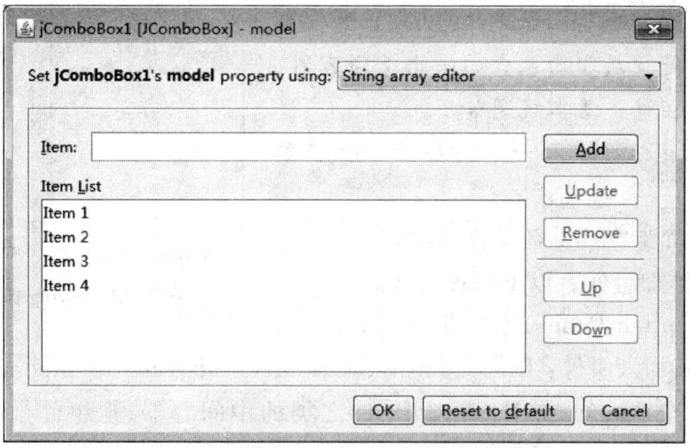

图 9-31 修改下拉列表框初值

当然，本任务需要从文件读取信息放到下拉列表框中，所以无须直接设置下拉列表的值，可以先把这个下拉列表的初值设置为空，然后再用代码设置需要的值，如图 9-32 所示。

单击 OK 按钮，然后用代码设置初始值，将代码 9-5 放到 SwingTest 类的构造方法中。

```
//代码9-5
List <String>ls=ClassName.getClassName();//获取文本文件内容
String[] classNames=new String[ls.size()];//声明字符串数组
ls.toArray(classNames);                    //将 List 转换为字符串数组
//给下拉列表框设置值
jComboBox1.setModel(new DefaultComboBoxModel(classNames));
```

常用的组件还有很多，比如单选按钮、复选按钮、密码框、大文本输入框，用法大致相同，需要的时候可以查看帮助文档来使用它们。

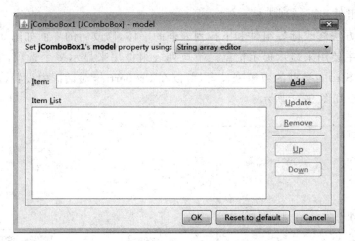

图 9-32 将下拉列表框初值设置为空

注意：Swing 组件不能直接添加到顶层容器中，它必须添加到一个与 Swing 顶层容器相关联的内容面板（Content Pane）上，如图 9-33 所示。内容面板是顶层容器包含的一个普通容器，它是一个轻量级组件。基本规则如下。

（1）把 Swing 组件放入一个顶层 Swing 容器的内容面板上。

（2）避免使用非 Swing 的重量级组件。

对 JFrame 添加组件有以下两种方式。

（1）用 getContentPane()方法获得 JFrame 的

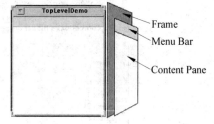

图 9-33 Swing 组件的顺序

内容面板，再对其加入组件：frame. getContentPane(). add(childComponent)。

（2）建立一个 Jpanel 或 JDesktopPane 之类的中间容器，把组件添加到容器中，用 setContentPane()方法把该容器置为 JFrame 的内容面板。

```
Jpanel contentPane=new Jpanel();
...//把其他组件添加到 Jpanel 中;
frame.setContentPane(contentPane);
//把 contentPane 对象设置为 frame 的内容面板
```

2. 布局管理器

在上面的示例中，没用显示去设置布局管理器，myeclipse 在产生 SwingTest 的时候，就自动设置了 GroupLayout 布局管理器。

```
Javax.swing.GroupLayout layout=
        new Javax.swing.GroupLayout(getContentPane()); //定义布局管理器
getContentPane().setLayout(layout);                   //设置布局管理器
```

为了实现跨平台的特性并且获得动态的布局效果，Java 将容器内的所有组件安排给一个"布局管理器"负责管理，如：排列顺序，组件的大小、位置，当窗口移动或调整大小后组件如何变化等功能授权给对应的容器布局管理器来管理,不同的布局管理器使用不同算法和策略,容器可以通过选择不同的布局管理器来决定布局。

(1) GroupLayout 布局管理器

这个布局管理器是 Java 1.6 版本新增的,从 GroupLayout 的单词意思来看,它是以Group(组)为单位来管理布局,也就是把多个组件(如 JLable、JButton)按区域划分到不同的 Group(组),再根据各个 Group(组)相对于水平轴(Horizontal)和垂直轴(Vertical)的排列方式来管理。

GroupLayout 提供在 Component 之间插入间隙的能力。间隙的大小由 LayoutStyle 的实例确定,可以使用 setAutoCreateGaps 方法进行此操作。类似地,可以使用 setAutoCreateContainerGaps 方法在触到父容器边缘的组件和容器之间插入间隙。

以下代码构建了一个面板,该面板由两列构成,第一列中有两个标签,第二列中有两个文本字段。

```
//代码 9-6
package layout;
import Java.awt.Container;
import Javax.swing.GroupLayout;
import Javax.swing.JFrame;
import Javax.swing.JLabel;
import Javax.swing.JTextField;
import Javax.swing.GroupLayout.Alignment;

public class GroupLayoutTest extends JFrame {
    public GroupLayoutTest(){
        Container panel=this.getContentPane();
        GroupLayout layout=new GroupLayout(getContentPane());
        panel.setLayout(layout);

        //设置自动创建组件之间的间隙
        layout.setAutoCreateGaps(true);

        //设置是否应该自动创建容器与触到容器边框的组件之间的间隙
        layout.setAutoCreateContainerGaps(true);

        //创建一个水平轴组
        GroupLayout.SequentialGroup hGroup=layout.createSequentialGroup();

        JLabel label1=new JLabel("第一排");
        JLabel label2=new JLabel("第二排");
        JTextField tf1=new JTextField("");
        JTextField tf2=new JTextField("");
        //水平方向加入
        hGroup.addGroup(layout.createParallelGroup().
        addComponent(label1 ).addComponent(label2));
        hGroup.addGroup(layout.createParallelGroup().
        addComponent(tf1).addComponent(tf2));
```

```
        layout.setHorizontalGroup(hGroup);

        //创建一个垂直轴组
        GroupLayout.SequentialGroup vGroup=layout.createSequentialGroup();

        //垂直方向加入
        vGroup.addGroup(layout.createParallelGroup(Alignment.BASELINE).
        addComponent(label1).addComponent(tf1));
        vGroup.addGroup(layout.createParallelGroup(Alignment.BASELINE).
        addComponent(label2).addComponent(tf2));
        layout.setVerticalGroup(vGroup);
        //设置关闭框架退出程序
        setDefaultCloseOperation(Javax.swing.WindowConstants.EXIT_ON_CLOSE);
        this.setTitle("GroupLayoutTest");
        this.setSize(300,150);
        this.setVisible(true);

    }
    public static void main(String[] args) {
        new GroupLayoutTest();
    }
}
```

运行代码后,出现如图 9-34 所示的窗口。

此布局由以下部分组成。

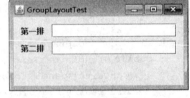

① 水平轴由一个包含两个并行组的串行组组成。第一个并行组包含标签,第二个并行组包含文本字段。

② 垂直轴由一个包含两个并行组的串行组组成。

图 9-34　代码 9-6 的运行结果

并行组被配置为沿基线对齐其组件。第一个并行组包含第一个标签和第一个文本字段,第二个并行组包含第二个标签和第二个文本字段。

在这段代码中,要注意以下几个问题。

① 不需要显式地将组件添加到容器,通过使用 Group 的一个 add 方法间接完成此操作。

② 各种 add 方法返回调用者。这使得调用能很方便地进行链接。例如,语句"group. addComponent(label1). addComponent(label2);"等效于语句"group.addComponent(label1); group. addComponent(label2);"。

③ Group 没有公共构造方法,请使用 GroupLayout 的创建方法替代。

(2) FlowLayout——顺序布局

FlowLayout 是容器 Panel 和 Applet 默认使用的布局管理器,如果不专门为 Panel 或者 Applet 指定布局管理器,它们就使用 FlowLayout。

FlowLayout 放置组件的方式:组件按照加载的先后顺序从左向右排列。一行排满之后就转到下一行继续从左至右排列。在组件不多时,使用这种策略非常方便,但是当容器内的组件增加时,就会显得排列参差不齐,如代码 9-7 所示。

```
//代码 9-7
package layout;

import Java.awt.FlowLayout;
import Javax.swing.JButton;
import Javax.swing.JFrame;

public class FlowLayoutTest extends JFrame {
    public FlowLayoutTest(){
        setLayout(new FlowLayout());
        JButton button1=new JButton("Ok");
        JButton button2=new JButton("Open");
        JButton button3=new JButton("Close");

        add(button1);
        add(button2);
        add(button3);
        setDefaultCloseOperation(Javax.swing.WindowConstants.EXIT_ON_CLOSE);
        setTitle("FlowLayoutTest");
        setSize(300,100);
        setVisible(true);
    }
    public static void main(String[] args) {
        new FlowLayoutTest();
    }
}
```

运行结果如图 9-35 所示。

当容器的大小发生变化时，用 FlowLayout 管理的组件会发生变化，其变化规律是：组件的大小不变，但是相对位置会发生变化。例如图 9-35 中 3 个按钮都处于同一行，但是如果把该窗口变窄，窄到刚好能够放下一个按钮，则第二个按钮将折到第二行，第三个按钮将折到第三行。按钮 Close 本来在按钮 Open 的右边，但是现在跑到了下面，所以说"组件的大小不变，但是相对位置会发生变化"，如图 9-36 所示。

图 9-35　代码 9-7 的运行结果

图 9-36　改变 JFrame 框架的大小

（3）BorderLayout

BorderLayout 是容器 JFrame 类默认使用的布局管理器，如果不专门为 JFrame 类指定布局管理器，则使用 BorderLayout。

BorderLayout 布局管理器把容器分成 5 个区域：North、South、East、West 和 Center，每个区域只能放置一个组件。如果某个区域没有组件，则区域中的其他组件可以占据它的空间。例如，如果上部没有分配组件，则左右两个部分的组件将向上扩展到容器的最上方。如果左右两个部分没有分配组件，则位于中央的组件将横向扩展到容器的左右边界。各个区域的位置及大小如图 9-37 所示。

```java
//代码 9-8
package layout;
import Java.awt.BorderLayout;
import Javax.swing.JButton;
import Javax.swing.JFrame;
public class BorderLayoutTest extends JFrame {
    public BorderLayoutTest() {
        setLayout(new BorderLayout());
        add("North", new JButton("North"));
        //第一个参数表示把按钮添加到容器的 North 区域
        add("South", new JButton("South"));
        //第一个参数表示把按钮添加到容器的 South 区域
        add("East", new JButton("East"));
        //第一个参数表示把按钮添加到容器的 East 区域
        add("West", new JButton("West"));
        //第一个参数表示把按钮添加到容器的 West 区域
        add("Center", new JButton("Center"));
        //第一个参数表示把按钮添加到容器的 Center 区域

        setDefaultCloseOperation(Javax.swing.WindowConstants.EXIT_ON_CLOSE);
        setTitle("BorderLayoutTest");
        setSize(500, 300);
        setVisible(true);
    }

    public static void main(String[] args) {
        new BorderLayoutTest();
    }
}
```

图 9-37　各个区域的位置及大小

上述代码的运行结果如图 9-38 所示。

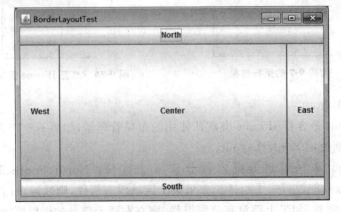

图 9-38　代码 9-8 的运行结果

在使用 BorderLayout 的时候,如果容器的大小发生变化,其变化规律为:组件的相对位置不变,大小发生变化。例如容器变高了,则 North、South 区域不变,West、Center、East 区域变高;如果容器变宽了,West、East 区域不变,North、Center、South 区域变宽。不一定所有的区域都有组件,如果四周的区域(West、East、North、South 区域)没有组件,则由 Center 区域去补充,但是如果 Center 区域没有组件,则保持空白,其效果如图 9-39、图 9-40 所示。

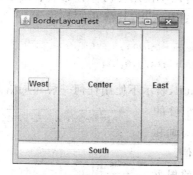

图 9-39 缺少 North 区域

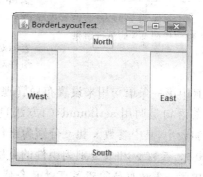

图 9-40 缺少 Center 区域

（4）GridLayout

GridLayout 布局方式是 Swing 中设置比较灵活的一种布局管理器,容器中各个组件呈网格状布局,平均占据容器的空间。

GridLayout 放置组件的方式:组件按照加载的先后顺序从左向右、从上到下按照设定的行、列数放置,使各组件呈网格状分布。容器中各组件的大小完全相同。

```
//代码 9-9
package layout;
import Java.awt.GridLayout;
import Javax.swing.JButton;
import Javax.swing.JFrame;
public class GridLayoutTest extends JFrame {
    public GridLayoutTest() {
        setLayout(new GridLayout(3, 2));
        //容器平均分成 3 行 2 列共 6 格
        add(new JButton("1")); //添加到第一行的第一格
        add(new JButton("2")); //添加到第一行的下一格
        add(new JButton("3")); //添加到第二行的第一格
        add(new JButton("4")); //添加到第二行的下一格
        add(new JButton("5")); //添加到第三行的第一格
        add(new JButton("6")); //添加到第三行的下一格

        setDefaultCloseOperation(Javax.swing.WindowConstants.EXIT_ON_CLOSE);
        setTitle("GridLayoutTest");
        setSize(200, 100);
        setVisible(true);
    }
```

```
public static void main(String[] args) {
    new GridLayoutTest();
}
}
```

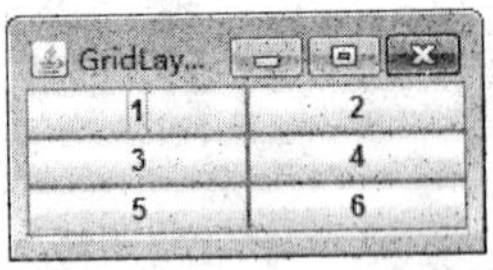

上述代码的运行结果如图 9-41 所示。

（5）自定义布局

实际上，用户还可以不使用任何一种布局管理器，自行设置每一个组件的位置和大小，其格式如下。

图 9-41　代码 9-9 的运行结果

```
容器对象名.setLayout(null);
组件对象名.setBounds(x,y,w,h);
```

其中第一条语句用来设置布局管理器的值为 null，表示不使用任何一种布局管理器。第二条语句是调用 setBounds() 方法自行设置该组件的位置和大小，其中参数 x 和 y 分别为组件左上角的 x 轴和 y 轴坐标，参数 w 和 h 分别为组件的宽度值和高度值。

提示：各种布局管理器可以嵌套使用，在复杂的图形用户界面设计中，为了使布局更加易于管理，具有简洁的整体风格，一个包含了多个组件的容器本身也可以作为一个组件加到另一个容器中去。容器中再添加容器，这样就形成了容器的嵌套。图 9-42 所示是一个 GridLayout、BorderLayout 容器嵌套的例子。

图 9-42　容器嵌套示例

3. 随机选取学生信息显示在文本框中

（1）根据班级名称，读取班级学生信息到 List 中，如代码 9-10 和代码 9-11 所示。

```
//代码 9-10
package kgy.util;

import Java.io.Serializable;

public class Student{
    private String id;
    private String name;
    private int score;

    public Student() {
        super();
    }
    public Student(String id, String name, int score) {
        super();
        this.id=id;
        this.name=name;
```

```
            this.score=score;
        }
        public String getId() {
            return id;
        }
        public void setId(String id) {
            this.id=id;
        }
        public String getName() {
            return name;
        }
        public void setName(String name) {
            this.name=name;
        }
        public int getScore() {
            return score;
        }
        public void setScore(int score) {
            this.score=score;
        }
        public String toString(){
            return id+" "+name+" "+score;
        }
}

//代码 9-11
package kgy.util;

import Java.io.BufferedReader;
import Java.io.FileNotFoundException;
import Java.io.FileReader;
import Java.io.IOException;
import Java.util.ArrayList;
import Java.util.List;

public class StudentBiz {
    public static List <Student>getStudents(String className){
        List <Student>students=new ArrayList <Student> (); //产生集合类对象
        //根据班级名称读取班级学生信息
        try {
            BufferedReader finput=new BufferedReader(new FileReader("data\\"+
                    className));
            String s="";
            while((s=finput.readLine())!=null){
                String[] str=s.split(" ");
                Student stu=new Student(str[0],str[1],Integer.parseInt(str[2]));
                                                //产生学生对象
                students.add(stu);              //将学生对象存入集合对象中
            }
            finput.close();
```

```
        } catch (FileNotFoundException e) {
            e.printStackTrace();
        } catch (IOException e) {
            e.printStackTrace();
        }
        return students;
    }
}
```

（2）随机产生一个 0～List.size()之间的数据作为 List 的索引值，获取索引对应的学生的信息，显示在文本框中。

```
//代码 9-12
public SwingTest() {
    initComponents();
    this.setTitle("点名器 1.0");

    List <String>ls=ClassName.getClassName();        //获取文本文件内容
    String[] classNames=new String[ls.size()];        //声明字符串数组
    ls.toArray(classNames);                           //将 List 转换为字符串数组
    jComboBox1.setModel(new DefaultComboBoxModel(classNames));
                                                      //给下拉列表框设置值

    Random random=new Random();                       //产生随机数对象
    List <Student>students=StudentBiz.getStudents(classNames[0]);
                                                      //获取对应班级学生
    int num=students.size();                          //获得学生人数
    int index=random.nextInt(num);                    //产生 0~num 的索引值
    jTextField1.setText(students.get(index).toString());
                                                      //取出学生信息显示在文本框中
}
```

点名器的初步效果如图 9-43 所示。

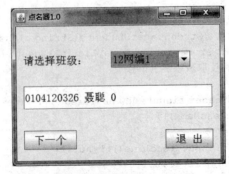

图 9-43　点名器的初步效果

9.3 事 件

任务描述

通过单击"下一个"按钮，获得对应班级的另一个同学信息并显示在文本框中，如图 9-44 所示。

图 9-44 增加事件的点名器

任务分析

Java 中，采用代理来处理事件，单击是一个事件，那么需要知道事件源和事件处理者这三者之间的关系和处理方法。

相关知识与实施步骤

1. 按钮单击事件处理

根据任务的要求，通过 MyEclipse 来简单地实现这一功能。

（1）单击 Window→Preferences 命令，打开 Preferences 对话框，如图 9-45 所示。

输入 Swing，找到 Matisse4MyEclipse/Swing 页面，在 Listener generation style 下拉列表框中选择 One Inner Class 选项，如图 9-46 所示，然后单击 OK 按钮。

（2）在 Swing Design 页面上，双击"下一个"按钮，如图 9-47 所示。

光标跳转到 Source 页面，如图 9-48 所示。

（3）在光标停留的地方另起一行，开始实现功能。这里编程就表示，当单击"下一个"按钮的时候，程序就会运行 jButton1ActionPerformed()这个方法。功能实现代码如代码 9-13 所示。

```
//代码 9-13
private void jButton1ActionPerformed(Java.awt.event.ActionEvent evt) {
    //TODO add your handling code here:
```

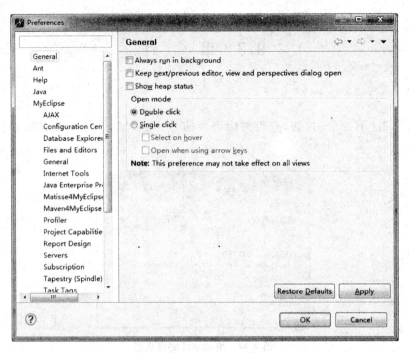

图 9-45　Preferences 对话框

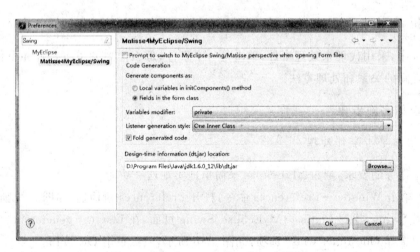

图 9-46　Matisse4MyEclipse/Swing 页面

```
Random random=new Random();                           //产生随机数对象
//根据下拉列表框的班级名称获取对应班级学生
List<Student>students=
    StudentBiz.getStudents((String)jComboBox1.getSelectedItem());
int num=students.size();                              //获得学生人数
int index=random.nextInt(num);                        //产生 0~num 的索引值
jTextField1.setText(students.get(index).toString());
                                                      //取出学生信息显示在文本框中
}
```

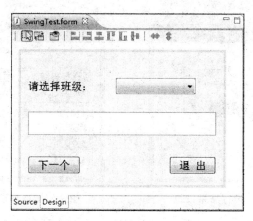

图 9-47 Swing Design 页面

```
private void jButton1ActionPerformed(java.awt.event.ActionEvent evt) {
    // TODO add your handling code here:
}
```

图 9-48 增加的 jButton1ActionPerformed 方法

运行程序,效果如图 9-49 所示。

单击"下一个"按钮,效果如图 9-50 所示。

重新选择班级,然后单击"下一个"按钮,可以获得新班级的学生信息,如图 9-51、图 9-52 所示。

图 9-49 增加事件运行结果(一)

图 9-50 增加事件运行结果(二)

2. 事件

打开 Source 页面,可以看到,为了实现单击事件,myeclipse 增加了以下代码,如图 9-53 所示。

在 initComponents()方法中,增加了两行,如图 9-54 所示。

用户自己增加的代码如图 9-55 所示。

首先,在代码第 109～119 行,系统产生了一个 FormListener 类,这个类叫做监听类,这个类必须实现 ActionListener 接口。在接口 ActionListener 中有一个带参数的方法

图 9-51　增加事件运行结果(三)

图 9-52　增加事件运行结果(四)

```
109⊖    private class FormListener implements java.awt.event.ActionListener {
110⊖        FormListener() {
111         }
112
113⊖        public void actionPerformed(java.awt.event.ActionEvent evt) {
114             if (evt.getSource() == jButton1) {
115                 SwingTest.this.jButton1ActionPerformed(evt);
116             }
117         }
118     }// </editor-fold>
119     //GEN-END:initComponents
```

图 9-53　内部类代码

```
1: FormListener formListener = new FormListener();
2: jButton1.addActionListener(formListener);
```

图 9-54　initComponents()方法代码

```
121    private void jButton1ActionPerformed(java.awt.event.ActionEvent evt) {
122        // TODO add your handling code here:
123        Random random = new Random();//产生随机数对象
124        //根据下拉列表框的班级名称获取对应班级学生
125        List<Student> students = StudentBiz.getStudents((String)jComboBox1.getSelectedItem());
126        int num = students.size();//获得学生人数
127        int index = random.nextInt(num);//产生0-num的索引值
128        jTextField1.setText(students.get(index).toString());//取出学信息显示在文本框中
129
130    }
```

图 9-55　事件处理代码

actionPerformed 没有实现,必须实现它,参数 evt 是事件名称。通过这个事件名称调用 getSource()方法,可以知道事件是由谁产生的。在第 114 行中,通过条件判断事件是否由 jButton1 产生,如果是,那么就调用 SwingTest 类中的 jButton1ActionPerformed()方法,所以在 jButton1ActionPerformed()方法中,写了需要的操作代码。

要想把按钮和这个事件连接起来,还需要用到 initComponents()方法中增加的两行,第一行产生一个监听类对象,第二行通过 jButton1 对象的 addActionListener()方法将 formListener 对象注册进去,完成了整个过程。在这个过程中,一定要清楚 3 个名称。

(1) 事件源,即事件产生的源头,在上面示例中,jButton1 就是产生事件的源头。

（2）事件，即事件的类型，事件包括单击事件、双击事件、鼠标事件、窗口事件、键盘事件等，上面的示例中已经演示了按钮单击事件。

（3）事件监听器，即监督事件是否发生，如果发生了这种事件，该如何处理这个事件。上面的示例中，FormListener 类就是一个事件监听器，当 jButton1 注册了这个监听器后，这个监听器就一直监督 jButton1 是否发生了单击事件，如果发生，那么就调用 jButton1ActionPerformed() 方法。这就是所谓的 Java 委托型事件处理机制。

表 9-1 列出了所有 AWT 事件、相应的监听器接口，以及接口的方法和产生事件的用户操作，一共 10 类事件，11 个接口。

表 9-1 AWT 事件类、接口以及接口的方法和产生事件的用户操作

事件类/接口名称	接口的方法及产生事件的用户操作
ActionEvent 单击事件类 ActionListener 单击事件接口	actionPerformed(ActionEvent e)，单击按钮、文本行中单击鼠标、双击列表框选项
ComponentEvent 组件事件类 ComponentListener 接口	componentMoved(ComponentEvent e)，移动组件时 componentHidden(ComponentEvent e)，隐藏组件时 componentResized(ComponentEvent e)，改变组件大小时 componentShown(ComponentEvent e)，显示组件时
ContainerEvent 容器事件类 ContainerListener 接口	componentAdded(ContainerEvent e)，添加组件时 componentRemoved(ContainerEvent e)，添加组件时
FocusEvent 焦点事件类 FocusListener 接口	focusGained(FocusEvent e)，获得焦点时 focusLost(FocusEvent e)，失去焦点时
ItemEvent 选择事件类 ItemListener 接口	itemStateChanged(ItemEvent e)，选择复选框、选项框、单击列表框、选中带复选框的菜单项
KeyEvent 键盘击键事件类 KeyListener 接口	keyPressed(KeyEvent e)，按下键盘上的键时 keyReleased(KeyEvent e)，释放键盘上的键时
MouseEvent 鼠标事件类 MouseListener 鼠标按钮事件接口	mouseClicked(MouseEvent e)，单击鼠标时 mouseEntered(MouseEvent e)，鼠标进入时 mouseExited(MouseEvent e)，鼠标离开时 mousePressed(MouseEvent e)，按下鼠标时 mouseReleased(MouseEvent e)，放开鼠标时
MouseEvent 鼠标事件类 MouseMotionListener 接口	mouseDragged(MouseEvent e)，拖曳鼠标时 mouseMoved(MouseEvent e)，鼠标移动时
TextEvent 文本事件类 TextListener 接口	textValueChanged(TextEvent e)，文本行、文本区中修改内容时
WindowEvent 窗口事件类 WindowListener 接口	windowOpened(WindowEvent e)，打开窗口时 windowClosed(WindowEvent e)，关闭窗口后 windowClosing(WindowEvent e)，关闭窗口时 windowActivated(WindowEvent e)，激活窗口时 windowDeactivated(WindowEvent e)，窗口失去焦点时 windowIconified(WindowEvent e)，窗口缩小为图标时 windowDeiconified(WindowEvent e)，窗口复原时

3．内部类和匿名类

（1）内部类

在 SwingTest 类中，除了包含属性和方法以外，还包含了一个 FormListener 类，这个类叫做内部类，内部类只供 SwingTest 内部使用。

内部类（Inner Class）是被定义于另一个类中的类，使用内部类的主要原因如下。

① 一个内部类的对象可访问外部类的成员方法和变量，包括私有的成员。

② 实现事件监听器时，采用内部类、匿名类编程非常容易实现其功能。

③ 编写事件驱动程序，内部类很方便。

因此内部类所能够应用的地方往往是在 AWT 的事件处理机制中。上面示例中的 FormListener 就是这种情况。

（2）匿名类

当一个内部类的类声明只是在创建此类对象时用了一次，而且要产生的新类需继承于一个已有的父类或实现一个接口时，才能考虑用匿名类，由于匿名类本身无名，因此它也就不存在构造方法，它需要显式地调用一个无参的父类的构造方法，并且重写父类的方法。所谓的匿名就是该类连名字都没有，只是显式地调用一个无参的父类的构造方法。

将上面的 FormListener 改为匿名类，程序会更加简单。

```
//代码 9-14
jButton1.addActionListener(new Java.awt.event.ActionListener() {
public void actionPerformed(Java.awt.event.ActionEvent evt) {
    jButton1ActionPerformed(evt);
}
});
```

上述代码一次做完注册和监听。匿名类是在注册监听器的时候，参数使用的一种类，它不需要额外给这个类取名字，而是直接利用接口的名字调用构造方法，然后在后面跟着接口没实现的方法，这样的写法代码比较简单，但是功能和内部类完全一样，只是采取的实现方式不同。也许从类的关系来说不大清楚，但是程序更加简练。熟悉这两种方式也十分有助于大家编写图形界面的程序。

把 SwingTest 类中的内部类完全用匿名类代替，运行效果完全一样，如图 9-56 所示。

图 9-56　改为匿名类后运行结果

可以看到，采用匿名类可以将"按钮单击事件处理"小节中代码第 109～119 行以及方法中的两行代码合在一个匿名类中，比使用内部类更加简练，所以在"按钮单击事件处理"小节中，如果不事先使用步骤一设置为内部类，那么 myeclipse 是默认使用匿名类来实现事件的处理的。

本 章 小 结

用 Swing 来生成图形化用户界面时,组件和容器的概念非常重要。组件是各种各样的类,封装了图形系统的许多最小单位,例如按钮、窗口等。

容器也是组件,它的最主要的作用是装载其他组件,但是像 JPanel 这样的容器也经常被当作组件添加到其他容器中,以便完成复杂的界面设计。

布局管理器是 Java 语言与其他编程语言在图形系统方面较为显著的区别,容器中各个组件的位置是由布局管理器来决定的,共有 5 种布局管理器,每种布局管理器都有自己的放置规律。

事件处理机制能够让图形界面响应用户的操作,主要涉及事件源、事件、事件处理者等三方,事件源就是图形界面上的组件,事件就是对用户操作的描述,而事件处理者是处理事件的类。因此,对于 Swing 中所提供的各个组件,都需要了解该组件经常发生的事件以及处理该事件的相应的监听器接口。

上机练习9

1. 通过 GridLayout、BorderLayout 容器嵌套布局一个小型计算器。

需求说明:小型计算器的运行结果如图 9-57 所示。

2. 实现计算器最基本的加、减、乘、除功能。

需求说明:按下以下几组数据,会得到相应的正确结果。

$17 + 28 = 45$

$3 - 4 = -1$

$5 \times 6 = 30$

$90/3 = 30$

提示:数字键用 JButton 数组实现比较好控制。

3. 实现点名器。

需求说明:

(1) 通过单击"下一个"按钮,获得对应班级的另一个同学信息并显示在文本框中。

(2) 下拉列表框值改变时,请跟着修改文本框中信息为对应班级的学生信息。

(3) 单击"退出"按钮,可以退出整个程序。运行效果如图 9-58 所示。

提示:

(1) 下拉列表框值修改事件可以用 ActionListener 单击事件接口或者 ItemListener 接口来监听。

(2) 退出整个程序用 System.exit(0);。

图 9-57　小型计算器

图 9-58　点名器

习 题 9

一、填空题

1. Swing 的事件处理机制包括_____、事件和事件处理者。

2. FlowLayout 是_____和_____的默认布局管理器。

3. 容器 Java. awt. Container 是_____的子类,一个容器可以容纳多个_____,并使它们成为一个整体。

4. 常用的容器有_____、_____、_____、_____等。

5. 对 JFrame 添加构件有两种方式:_____和_____。

6. _____包是 Java 语言用来构建图形用户界面(GUI)的类库。

二、单项选择题

1. 容器 Panel 和 Applet 默认使用的布局编辑策略是(　　)。

   A. BorderLayout   B. FlowLayout

   C. GridLayout   D. CarLayout

2. 在编写 Java Applet 程序时,若需要对发生事件作出响应和处理,一般需要在程序的开头写上(　　)语句。

   A. import Java. awt. * ;   B. import Java. applet. * ;

   C. import Java. io. * ;   D. import Java. awt. event. * ;

3. 在 Java 中实现图形用户界面可以使用 AWT 组件和(　　)组件。

   A. swing   B. Swing   C. JOptionPane   D. import

4. 在 Java 中,一般菜单格式包含有下列类对象(　　)。

   A. JMenuBar   B. JMenu

C. JMenuItem   D. JMenuBar、JMenu、JMenuItem

5. 类 Panel 默认的布局管理器是(   )。

    A. GridLayout   B. BorderLayout   C. FlowLayout   D. GardLayout

6. Frame 默认的布局管理器是(   )。

    A. FlowLayout   B. BorderLayout   C. GridLayout   D. CardLayou

7. 在 Java 图形用户界面编程中,若显示一些不需要修改的文本信息,一般是使用
(   )类的对象来实现。

    A. Label   B. Button   C. Textarea   D. TestField

8. 下列不属于 Swing 中构件的是(   )。

    A. JPanel   B. JTable   C. Menu   D. JFrame

9. 容器被重新设置大小后,以下布局管理器的容器中的组件大小不随容器大小的变
化而改变的是(   )。

    A. CardLayout   B. FlowLayout   C. BorderLayout   D. GridLayout

10. 下列属于容器的构件的是(   )。

    A. JFrame   B. JButton   C. JPanel   D. JApplet

11. 下列关于 Frame 类的说法不正确的是(   )。

    A. Frame 是 Window 类的直接子类

    B. Frame 对象显示的效果是一个窗口

    C. Frame 被默认初始化为可见的

    D. Frame 的默认布局管理器为 BorderLayout

12. 下列不属于 Swing 中构件的是(   )。

    A. JPanel   B. JTable   C. Menu   D. JFrame

13. 如果希望所有的控件在界面上均匀排列,应使用的布局管理器是(   )。

    A. BoxLayout   B. GridLayout   C. BorderLayout   D. FlowLayout

14. (   )用于设置用户界面上的屏幕组件。

    A. BorderLayout   B. setLayout

    C. Container   D. Component

三、编程题

1. 编写程序,设计如图 9-59 所示界面。

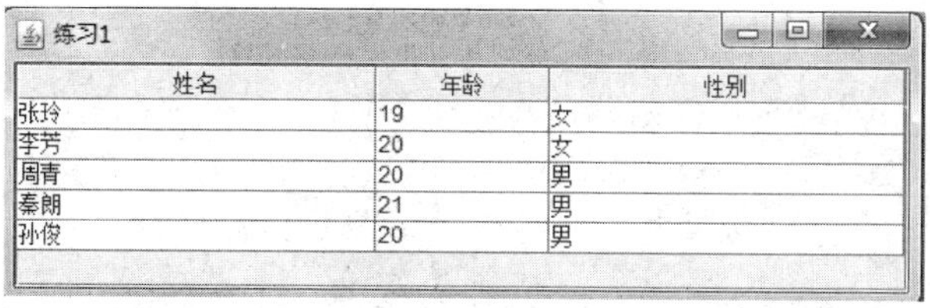

图 9-59   编程题 1 界面

2. 创建一个学生信息管理菜单界面,包括学生基本信息、修改学生信息、查看学生信息、在学生毕业后删除其信息等,此外还需要打印学生信息,界面如图 9-60 所示。

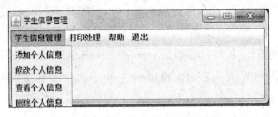

图 9-60 学生信息管理菜单界面

第 10 章

多 线 程

随着计算机技术的飞速发展,个人计算机上的操作系统也纷纷采用多任务和分时设计,将早期只有大型计算机才具有的系统特性带到了个人计算机系统中。一般可以在同一时间内执行多个程序的操作系统都有进程的概念。一个进程就是一个执行中的程序,而每一个进程都有自己独立的一块内存空间、一组系统资源。在进程概念中,每一个进程的内部数据和状态都是完全独立的。Java 程序通过流控制来执行程序流,程序中单个顺序的流控制称为线程,多线程则指的是在单个程序中可以同时运行多个不同的线程,执行不同的任务。多线程意味着一个程序的多行语句可以看上去几乎在同时运行。

本单元利用多线程功能,实现点名器的学生信息动态显示,从而达到娱乐效果。

📖 **技能目标**

理解 Java 中线程的使用。

掌握线程的调度和控制方法。

理解多线程的互斥和同步的实现原理。

10.1 代码交替执行

任务描述

在执行以下代码时,希望两个循环交替执行,而不是等第一个执行完再执行第二个。

```
for(int i=0; i<5; i++)
    System.out.println("Runner A="+i);
for(int j=0; j<5; j++)
    System.out.println("Runner B="+j);
```

某次执行后,控制台的输出如图 10-1 所示。

任务分析

上面的代码段中,在只支持单线程的语言中,前一个循环不执行完就不可能执行第二个循环。要使两个循环同时执行,需要编写多线程的程序。

Java 程序通过流控制来执行程序流,程序中单个顺序的流控制称为线程,多线程则指的是在单个程序中可以同时运行多个不同的线程,执行不同的任务。多线程意味着一个程序的多行语句可以看上去几乎在同一时间内同时运行。Java 通过继承 Thread 类或者实现 Runnable 接口来实现多线程。

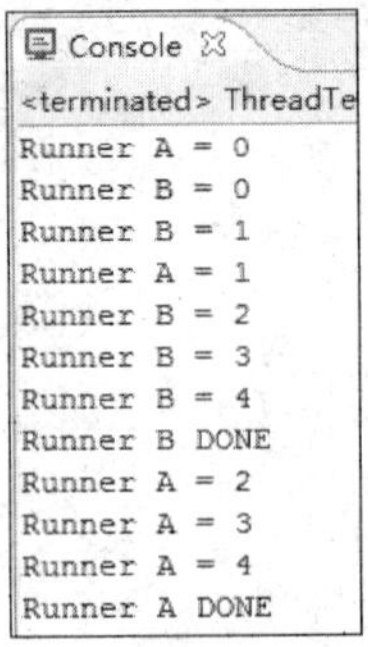

相关知识与实施步骤

1. 使用 Thread 类来实现多线程

多线程是一个程序中可以有多段代码同时运行,那么这些代码应当写在哪里,如何创建线程对象呢?

Java 通过继承 Thread 类,并覆盖它的 run()方法,这时就可以用该类的实例作为线程的目标对象。下面的程序定义了 SimpleThread 类,它继承了 Thread 类并覆盖了 run()方法,如代码 10-1 所示。

```
//代码 10-1
package kgy;

public class SimpleThread extends Thread {
    public SimpleThread(String str) {
        super(str);
    }
    //重写 Thread 类的 run()方法
    public void run() {
        for (int i=0; i<5; i++) {
            System.out.println(getName()+"="+i);
            try {
                sleep((int)(Math.random() * 100));//线程睡眠
            } catch (InterruptedException e) {
            }
        }
        System.out.println(getName()+" DONE");
    }
}
```

SimpleThread 类继承了 Thread 类,并覆盖了 run()方法,该方法就是线程体。再定义一个类,使用刚刚定义的 SimpleThread 类,如代码 10-2 所示。

```
//代码 10-2
package kgy;

public class ThreadTest {
    public static void main(String args[]) {
        Thread t1=new SimpleThread("Runner A");
        Thread t2=new SimpleThread("Runner B");
```

图 10-1 的内容如下:

```
Console ⌗
<terminated> ThreadTe
Runner A = 0
Runner B = 0
Runner B = 1
Runner A = 1
Runner B = 2
Runner B = 3
Runner B = 4
Runner B DONE
Runner A = 2
Runner A = 3
Runner A = 4
Runner A DONE
```

图 10-1 交替执行循环结果

```
        t1.start();//t1 线程启动
        t2.start();//t2 线程启动
    }
}
```

执行上面代码,输出结果如下。

```
Runner A=0
Runner B=0
Runner B=1
Runner A=1
Runner A=2
Runner A=3
Runner B=2
Runner B=3
Runner A=4
Runner B=4
Runner B DONE
Runner A DONE
```

在上面的程序代码 main()方法中,先启动 t1 线程,然后启动 t2 线程,但是从执行的结果可以看出,程序并不是执行完了 t1 再执行 t2,而是交替执行,感觉就像是两个线程在同时运行。但是实际上一台计算机通常只有一个 CPU,在某个时刻只能是一个线程在运行,而 Java 语言在设计时就充分考虑到线程的并发调度执行。

对于程序员来说,在编程时要注意给每个线程分配执行的时间和机会,主要是通过让线程睡眠的办法(调用 sleep()方法)来让当前线程暂停执行,然后由其他线程来争夺执行的机会。如果上面的程序中没有用到 sleep()方法,则会由第一个线程先执行完毕,然后第二个线程再执行。所以用活 sleep()方法是学习线程的一个关键。

知识链接

程序:是对数据描述与操作的代码的集合,是应用程序执行的脚本。

进程:是程序的一次执行过程,程序是静态的,进程是动态的。系统运行一个程序就是一个进程从创建、运行到消亡的过程。

多任务:一个系统中可以同时运行多个程序。一个 CPU 同时只能执行一个程序的一条指令,多任务运行的并发机制使这些任务交替运行。

线程:也称为轻型进程(LWP),是比进程更小的运行单位,一个进程可以被划分成多个线程。当一个程序执行多线程时,可以运行两个或多个由同一个程序启动的任务。这样一个程序可以使得多个活动任务同时发生。

多线程:与进程不同的是,同类多线程共享一块内存空间和一组系统资源,所以系统创建多线程开销较小。

2. 实现 Runnable 接口创建线程

Java 中可以定义一个类实现 Runnable 接口,然后将该类对象作为线程的目标对象。实现 Runnable 接口就是实现 run()方法。

下面程序通过实现 Runnable 接口构造线程体。

```
//代码 10-3
package kgy;
//实现 Runnable 接口的线程
class T1 implements Runnable {
    public void run() {
        for (int i=0; i<5; i++)
            System.out.println("Runner A="+i);
    }
}

class T2 implements Runnable {
    public void run() {
        for (int j=0; j<5; j++)
            System.out.println("Runner B="+j);
    }
}

public class RunnableTest {
    public static void main(String args[]) {
        Thread t1=new Thread(new T1(), "Thread A");//T1 作为 t1 的一个目标对象
        Thread t2=new Thread(new T2(), "Thread B");//T2 作为 t2 的一个目标对象
        t1.start();
        t2.start();
    }
}
```

运行后的输出结果如下。

```
Runner A=0
Runner B=0
Runner A=1
Runner A=2
Runner A=3
Runner B=1
Runner A=4
Runner B=2
Runner B=3
Runner B=4
```

下面是一个小应用程序,利用线程对象在其中显示当前时间。

```
//代码 10-4
package kgy;

import Java.awt.*;
import Java.util.*;
import Javax.swing.*;
import Java.text.DateFormat;
```

```java
public class ClockDemo extends JFrame {
    private Thread clockThread=null;
    private ClockPanel cp=new ClockPanel();

    public ClockDemo() {
        init();
        start();
    }

    public void init() {
        getContentPane().add(cp);
        this.setDefaultCloseOperation(Javax.swing.WindowConstants.EXIT_ON_
            CLOSE);
        this.setTitle("小时钟");
        this.setSize(300, 150);
        this.setVisible(true);
    }

    public void start() {
        if (clockThread ==null) {
            clockThread=new Thread(cp, "Clock");//cp作为clockThread的目标对象
            clockThread.start();
        }
    }
    public static void main(String arg[]) {
        new ClockDemo();
    }
}

class ClockPanel extends JPanel implements Runnable {
    public void paintComponent(Graphics g) {
        super.paintComponent(g);
        Calendar cal=Calendar.getInstance();
        Date date=cal.getTime();
        DateFormat dateFormatter=DateFormat.getTimeInstance();
        g.setColor(Color.BLUE);
        g.setFont(new Font("TimesNewRoman", Font.BOLD, 36));
        g.drawString(dateFormatter.format(date), 50, 50);
    }

    public void run() {
        while (true) {
            repaint();
            try {
                Thread.sleep(1000);
            } catch (InterruptedException e) {
            }
        }
    }
```

```
}
```

该应用程序的运行结果如图 10-2 所示。

Runnable 接口中只定义了一个方法,其格式如下。

```
public abstract void run()
```

这个方法要由实现了 Runnable 接口的类实现。Runnable 对象称为可运行对象,一个线程的运行就是执行该对象的 run()方法。

图 10-2　ClockDemo 的运行结果

Thread 类实现了 Runnable 接口,因此 Thread 对象也是可运行对象。同时 Thread 类也是线程类,该类的构造方法如下。

```
public Thread()
public Thread(Runnable target)
public Thread(String name)
public Thread(Runnable target, String name)
public Thread(ThreadGroup group, Runnable target)
public Thread(ThreadGroup group, String name)
public Thread(ThreadGroup group, Runnable target, String name)
```

target 为线程运行的目标对象,即线程调用 start()方法启动后运行那个对象的 run()方法,该对象的类型为 Runnable,若没有指定目标对象,则以当前类对象为目标对象;name 为线程名,group 指定线程属于哪个线程组。

Thread 类的常用方法有以下几个。

(1) public static Thread currentThread():返回当前正在执行的线程对象的引用。

(2) public void setName(String name):设置线程名。

(3) public String getName():返回线程名。

(4) public static void sleep(long millis[, int nanos]) throws InterruptedException:使当前正在执行的线程暂时停止执行指定的毫秒时间。指定时间过后,线程继续执行。该方法抛出 InterruptedException 异常,必须捕获。

(5) public void run():线程的线程体。

(6) public void start():由 JVM 调用线程的 run()方法,启动线程开始执行。

(7) public void setDaemon(boolean on):设置线程为 Daemon 线程。

(8) public boolean isDaemon():返回线程是否为 Daemon 线程。

(9) public static void yield():使当前执行的线程暂停执行,允许其他线程执行。

(10) public ThreadGroup getThreadGroup():返回该线程所属的线程组对象。

(11) public void interrupt():中断当前线程。

(12) public boolean isAlive():返回指定线程是否处于活动状态。

提示:构造线程体的两种方法的比较如下。

(1) 使用 Runnable 接口:①可以将 CPU,代码和数据分开,形成清晰的模型;②还可以从其他类继承;③保持程序风格的一致性。

（2）直接继承 Thread 类：①不能再从其他类继承；②编写简单，可以直接操纵线程，无须使用 Thread. currentThread()。

10.2 线程的状态与调度

任务描述

线程的生命周期有哪些，是否可以相互转换？

任务分析

在 Java 中，线程有 5 种状态，它们可以相互转换。

相关知识与实施步骤

1．线程的生命周期

线程从创建、运行到结束总是处于下面 5 个状态之一：新建状态、就绪状态、运行状态、阻塞状态及死亡状态。线程的状态如图 10-3 所示。

图 10-3 线程的 5 种状态

下面以前面的小时钟程序为例说明线程的状态。

（1）新建状态（New Thread）

在构造方法中调用 start()方法时，小应用程序就创建一个 Thread 对象 clockThread。

```
public void start() {
    if (clockThread ==null) {
        clockThread=new Thread(cp, "Clock");
        clockThread.start();
    }
}
```

当该语句执行后 clockThread 就处于新建状态。处于该状态的线程仅仅是空的线程对象，并没有为其分配系统资源。当线程处于该状态时，用户仅能启动线程，调用任何其他方法是无意义的且会引发 IllegalThreadStateException 异常（实际上，当调用线程的状态所不允许的任何方法时，运行时系统都会引发 IllegalThreadStateException 异常）。

注意：cp 作为线程构造方法的第一个参数，必须实现 Runnable 接口的对象并提供线程运行的 run()方法，第二个参数是线程名。

（2）就绪状态（Runnable）

一个新创建的线程并不自动开始运行，要执行线程，必须调用线程的 start()方法。当线程对象调用 start()方法即启动了线程，如 clockThread. start()；语句就是启动 clockThread 线程。start()方法创建线程运行的系统资源，并调度线程运行 run()方法。当 start()方法返回后，线程就处于就绪状态。

处于就绪状态的线程并不一定立即运行 run()方法，线程还必须同其他线程竞争 CPU 时间，只有获得 CPU 时间才可以运行线程。因为在单 CPU 的计算机系统中，不可能同时运行多个线程，一个时刻仅有一个线程处于运行状态。因此此时可能有多个线程处于就绪状态。多个处于就绪状态的线程是由 Java 运行时系统的线程调度程序（thread scheduler）来调度的。

（3）运行状态（Running）

当线程获得 CPU 时间后，它才进入运行状态，真正开始执行 run()方法，这里 run()方法是一个循环，循环条件是 true。

```
public void run() {
    while (true) {
        repaint();
        try {
            Thread.sleep(1000);
        } catch (InterruptedException e){}
    }
}
```

（4）阻塞状态（Blocked）

线程运行过程中，可能由于各种原因进入阻塞状态。所谓阻塞状态是正在运行的线程没有运行结束，暂时让出 CPU，这时其他处于就绪状态的线程就可以获得 CPU 时间，进入运行状态。有关阻塞状态在后面详细讨论。

（5）死亡状态（Dead）

死亡状态一般可通过两种方法实现：自然撤销或是被停止。

① 自然撤销。

```
public void run(){
    int i=0;
    while(i <100){
        i++;
        System.out.println("i="+i);
    }
}
```

当 run()方法结束后，该线程应自然撤销了。

② 被停止。

```
Thread myThread=new Thread();
myThread.start();
try{
```

```
        Thread.currentThread().sleep(10000);
    } catch(InterruptedException e){}
    myThread.stop();
```

2. 线程状态的改变

一个线程在其生命周期中可以从一种状态改变为另一种状态,线程状态的变迁如图 10-4 所示。

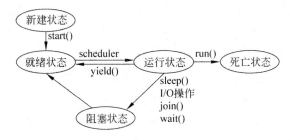

图 10-4　线程状态的改变

1) 控制线程的启动和结束

当一个新建的线程调用它的 start()方法后即进入就绪状态,处于就绪状态的线程被线程调度程序选中就可以获得 CPU 时间,进入运行状态,该线程就开始运行 run()方法。

控制线程的结束稍微复杂一点。如果线程的 run()方法是一个确定次数的循环,则循环结束后,线程运行就结束了,线程对象即进入死亡状态。如果 run()方法是一个不确定循环,早期的方法是调用线程对象的 stop()方法,然而由于该方法可能导致线程死锁,因此从 1.1 版开始,不推荐使用该方法结束线程。一般是通过设置一个标志变量,在程序中改变标志变量的值来实现结束线程。请看下面的例子。

```java
//代码 10-5
ThreadStop.Java
package kgy;

import Java.util.*;

class Timer implements Runnable {
    boolean flag=true;
    public void run() {
        while (flag) {
            System.out.print("\r\t"+new Date()+"...");
            try {
                Thread.sleep(1000);
            } catch (InterruptedException e) {
            }
        }
        System.out.println("\n"+Thread.currentThread().getName()+" Stop");
    }
```

```
    public void stopRun() {
        flag=false;//标志位设置线程停止
    }
}
public class ThreadStop {
    public static void main(String args[]) {
        Timer timer=new Timer();
        Thread thread=new Thread(timer);
        thread.setName("Timer");
        thread.start();
        for (int i=0; i <100; i++) {
            System.out.print("\r"+i);
            try {
                Thread.sleep(100);
            } catch (InterruptedException e) {
            }
        }
        timer.stopRun();//线程停止
    }

}
```

该程序在 Timer 类中定义了一个布尔变量 flag,同时定义了一个 stopRun()方法,在其中将该变量设置为 false。在主程序中通过调用该方法,从而改变该变量的值,使 run()方法的 while 循环条件不满足,从而实现结束线程的运行。

注意:在 Thread 类中除了 stop()方法被标注为不推荐(Deprecated)使用外,suspend()方法和 resume()方法也被标明不推荐使用,这两个方法原来用作线程的挂起和恢复。

2) 线程阻塞条件

处于运行状态的线程除了可以进入死亡状态外,还可能进入就绪状态和阻塞状态。下面分别讨论这两种情况。

(1) 运行状态到就绪状态:处于运行状态的线程如果调用了 yield()方法,那么它将放弃 CPU 时间,使当前正在运行的线程进入就绪状态。这时有几种可能的情况:如果没有其他的线程处于就绪状态等待运行,该线程会立即继续运行;如果有等待的线程,此时线程回到就绪状态与其他线程竞争 CPU 时间,当有比该线程优先级高的线程时,高优先级的线程进入运行状态,当没有比该线程优先级高的线程但有同等优先级的线程时,则由线程调度程序来决定哪个线程进入运行状态,因此线程调用 yield()方法只能将 CPU 时间让给具有同优先级的或高优先级的线程而不能让给低优先级的线程。

一般来说,调用线程的 yield()方法可以使耗时的线程暂停执行一段时间,使其他线程有执行的机会。

(2) 运行状态到阻塞状态:有多种原因可使当前运行的线程进入阻塞状态,进入阻塞状态的线程当相应的事件结束或条件满足时进入就绪状态。使线程进入阻塞状态可能有多种原因。

① 线程调用了 sleep()方法，进入睡眠状态，此时该线程停止执行一段时间。当时间到时该线程回到就绪状态，与其他线程竞争 CPU 时间。

Thread 类中定义了一个 interrupt()方法。一个处于睡眠中的线程若调用了 interrupt()方法，该线程立即结束睡眠进入就绪状态。

② 如果一个线程的运行需要进行 I/O 操作，比如从键盘接收数据，这时程序可能需要等待用户的输入，这时如果该线程一直占用 CPU，其他线程就不能运行，这种情况称为 I/O 阻塞。这时该线程就会中止运行状态而进入阻塞状态。Java 语言的所有 I/O 方法都具有这种行为。

③ 有时要求当前线程的执行在另一个线程执行结束后再继续执行，这时可以调用 join()方法实现，join()方法有下面 3 种格式。

```
public void join() throws InterruptedException
//使当前线程暂停执行,等待调用该方法的线程结束后再执行当前线程
public void join(long millis) throws InterruptedException
//最多等待 millis 毫秒后,当前线程继续执行
public void join(long millis, int nanos) throws InterruptedException
//可以指定多少毫秒、多少纳秒后继续执行当前线程
```

上述方法使当前线程暂停执行，进入阻塞状态，当调用线程结束或指定的时间过后，当前线程进入就绪状态，例如，执行下面代码，将使当前线程进入阻塞状态，当线程 t 执行结束后，当前线程才能继续执行。

```
t.join();
```

④ 线程调用了 wait()方法，等待某个条件变量，此时该线程进入阻塞状态。直到被通知(调用了 notify()或 notifyAll()方法)结束等待后，线程回到就绪状态。

⑤ 另外如果线程不能获得对象锁，也进入就绪状态。

3. 线程的优先级和调度

Java 的每个线程都有一个优先级，当有多个线程处于就绪状态时，线程调度程序根据线程的优先级调度线程运行。

可以用下面的方法设置和返回线程的优先级。

```
public final void setPriority(int newPriority) //设置线程的优先级
public final int getPriority()                  //返回线程的优先级
```

newPriority 为线程的优先级，其取值为 1 到 10 之间的整数，也可以使用 Thread 类定义的常量来设置线程的优先级，这些常量分别为：Thread. MIN_PRIORITY、Thread. NORM_PRIORITY、Thread. MAX_PRIORITY，它们分别对应于线程优先级的 1、5 和 10，数值越大优先级越高。当创建 Java 线程时，如果没有指定它的优先级，则它从创建该线程那里继承优先级。

一般来说,只有在当前线程停止或由于某种原因被阻塞时,较低优先级的线程才有机会运行。

前面说过多个线程可并发运行,然而实际上并不总是这样。由于很多计算机都是单CPU的,所以一个时刻只能有一个线程运行,多个线程的并发运行只是错觉。在单CPU机器上多个线程的执行是按照某种顺序执行的,这称为线程的调度(Scheduling)。

大多数计算机仅有一个CPU,所以线程必须与其他线程共享CPU。多个线程在单个CPU是按照某种顺序执行的。实际的调度策略随系统的不同而不同,通常线程调度可以采用两种策略调度处于就绪状态的线程。

(1) 抢占式调度策略

Java运行时系统的线程调度算法是抢占式的(Preemptive)。Java运行时系统支持一种简单的固定优先级的调度算法。如果一个优先级比其他任何处于可运行状态的线程都高的线程进入就绪状态,那么运行时系统就会选择该线程运行。新的优先级较高的线程抢占(Preempt)了其他线程。但是Java运行时系统并不抢占同优先级的线程。换句话说,Java运行时系统不是分时的(Time-slice)。然而,基于Java Thread类的实现系统可能是支持分时的,因此编写代码时不要依赖分时。当系统中的处于就绪状态的线程都具有相同优先级时,线程调度程序采用一种简单的、非抢占式的轮转的调度顺序。

(2) 时间片轮转调度策略

有些系统的线程调度采用时间片轮转(Round-robin)调度策略。这种调度策略是从所有处于就绪状态的线程中选择优先级最高的线程分配一定的CPU时间运行。该时间过后再选择其他线程运行。只有当线程运行结束、放弃(Yield)CPU或由于某种原因进入阻塞状态,低优先级的线程才有机会执行。如果有两个优先级相同的线程都在等待CPU,则调度程序以轮转的方式选择运行的线程。

10.3　实现动态点名器

任务描述

在第9章的点名器基础上,实现学生信息在文本框中不停地变化,直到单击"停止"按钮为止,如果单击"再来"按钮,可以继续动画显示学生信息,如图10-5所示。

任务分析

要实现这一功能必须用到多线程,每个学生的信息在文本框中停留100毫秒。

相关知识与实施步骤

利用多线程实现点名器

(1) 修改第9章中的SwingTest界面,把按钮改为"开始"和"停止",如图10-6所示。

图 10-5　点名器

图 10-6　界面修改

（2）实现 Runnable 接口，因为 SwingTest 已经继承了 JFrame 类，所以不能再继承 Thread 类来实现多线程。

```java
//代码 10-6
public class SwingTest extends Javax.swing.JFrame implements Runnable{
    private boolean flag=true;                      //停止线程标记
    private List <Student>students =null;           //学生链表
    private int num=0;                              //学生人数
    private int index=-1;                           //下标索引
    public void run() {
        //TODO Auto-generated method stub
        Random random=new Random();                 //产生随机数对象
        while(flag){
            index=random.nextInt(num);              //产生 0~num 的索引值
            jTextField1.setText(students.get(index).toString());
                                                    //取出学生信息显示在文本框中
            try {
                Thread.sleep(100);
            } catch (InterruptedException e) {
                //TODO Auto-generated catch block
                e.printStackTrace();
            }
        }
    }
    public SwingTest() {
        initComponents();
        this.setTitle("点名器 1.0");

        List <String>ls=ClassName.getClassName(); //获取文本文件内容
        String[] classNames=new String[ls.size()]; //声明字符串数组
        ls.toArray(classNames);                     //将 List 转换为字符串数组
        jComboBox1.setModel(new DefaultComboBoxModel(classNames));
                                                    //给下拉列表框设置值

        students=StudentBiz.getStudents(classNames[0]);//获取对应班级学生
        num=students.size();                        //获得学生人数
```

```
        setVisible(true);
    }
    public static void main(String args[]) {
        new SwingTest();
    }
}
```

（3）接下来，就要在单击"开始"按钮的时候，启动线程，并设置按钮文本为"再来"，线程标志 flag 也必须设为 true。

```
//代码 10-7
private void jButton1ActionPerformed(Java.awt.event.ActionEvent evt) {
    flag=true;
    jButton1.setText("再来");
    new Thread(this).start();                    //开启线程
}
```

（4）当按下"停止"按钮时，线程停止。

```
//代码 10-8
private void jButton2ActionPerformed(Java.awt.event.ActionEvent evt) {
    flag=false;                                  //线程停止
}
```

（5）当改变班级后，学生列表等都要更新，"再来"按钮文本也要变成"开始"。

```
//代码 10-9
private void jComboBox1ActionPerformed(Java.awt.event.ActionEvent evt) {
    Random random=new Random();                  //产生随机数对象
    //根据下拉列表框的班级名称获取对应班级学生
    students=StudentBiz.getStudents((String) jComboBox1
            .getSelectedItem());
    num=students.size();                         //获得学生人数
    index=random.nextInt(num);                   //产生 0~num 的索引值
    jTextField1.setText("");                     //取出学生信息显示在文本框中
    flag=true;                                   //标志位设置
    jButton1.setText("开始");
}
```

（6）注册监听，并运行 SwingTest，如图 10-7 所示。

单击"开始"按钮，"12 网编 1"班的学生信息在文本框中不停地变化，直到单击"停止"按钮，如图 10-8 所示。

改变班级，选择"12 游戏软件"，文本框清空，"再来"变成了"开始"，如图 10-9 所示。

单击"开始"按钮，"12 游戏软件"班的学生信息在文本框中不停地变化，直到单击"停止"按钮，如图 10-10 所示。

到此，已经利用 Java 面向对象思想，结合输入输出、集合框架、图形用户界面和多线程等相关知识完成了一个点名器系统。

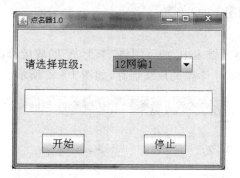

图 10-7 运行界面（一）

图 10-8 运行界面（二）

图 10-9 运行界面（三）

图 10-10 运行界面（四）

本 章 小 结

Java 语言内在支持多线程的程序设计。线程是进程中的一个单个的顺序控制流,多线程是指单个程序内可以同时运行多个线程。

在 Java 程序中创建多线程的程序有两种方法:一种是继承 Thread 类并覆盖其 run()方法;另一种是实现 Runnable 接口并实现其 run()方法。

线程从创建、运行到结束总是处于下面 5 个状态之一:新建状态、就绪状态、运行状态、阻塞状态及死亡状态。Java 的每个线程都有一个优先级,当有多个线程处于就绪状态时,线程调度程序根据线程的优先级调度线程运行。

结合 Java 面向对象、输入输出、集合框架、图形用户界面和多线程,实现了一个比较实用和完整的点名系统。

上机练习 10

1. 完成 10.3 节中的动态点名器。

需求说明:实现学生信息在文本框中不停地变化,直到单击"停止"按钮为止,如果单击"再来"按钮,可以继续动画显示学生信息,如图 10-11 所示。

2. 存储更改的学生信息。

需求说明:当学生的平时成绩修改后,请存入链表中,如下图将"李士龙"的成绩修改为 89 后,再单击"再来"按钮之前需要将链表中这个学生的成绩保存,如图 10-12 所示。

图 10-11　运行界面结果

图 10-12　改变成绩界面

提示:在 jButton1 的事件处理方法中加入以下代码。

```
private void jButton1ActionPerformed(Java.awt.event.ActionEvent evt) {
    flag=true;
    jButton1.setText("再来");
    if(index !=-1){
        String[] temp =jTextField1.getText().trim().split(" ");
        Student s=students.get(index);
        s.setScore(Integer.parseInt(temp[2]));
        students.set(index,s);
    }
    new Thread(this).start();                        //开启线程
}
```

3. 在退出程序前,保存所有学生信息的修改。

需求说明:在退出整个程序前,把学生信息保存到对应的文件中。比如上面的"李士龙"成绩修改为 89,那么退出程序后,在"12 网编 1"这个文件中,这个同学的成绩就变为 89,如图 10-13 所示。

图 10-13　保存的文件

提示:

(1)首先在 StudentBiz 类中增加一个方法,这个方法的功能是可以将 list 链表中的数据写入文件。

```
public static void setData(String fileName,ArrayList <Student>al){

    try {
        BufferedWriter output=new BufferedWriter(new FileWriter(".\\data\\"
            +fileName));
        for(Student s:al){
            output.write(s.getId()+" "+s.getName()+" "+s.getScore());
```

```
            output.newLine();
        }
        output.close();

    } catch (FileNotFoundException e) {
        //TODO Auto-generated catch block
        e.printStackTrace();
    } catch (IOException e) {
        //TODO Auto-generated catch block
        e.printStackTrace();
    }

}
```

（2）窗口事件类 WindowAdapter，也可以用 WindowListener，前者是类，后者是接口。WindowAdapter 是实现了 WindowListener 的类，也叫适配器，Swing 注册合格监听器，就可以在退出之前运行一些代码。

```
addWindowListener(new WindowAdapter() {
    public void windowClosing(final WindowEvent e) {
        if(index !=-1){
            String[] temp=jTextField1.getText().trim().split(" ");
            Student s=students.get(index);
            s.setScore(Integer.parseInt(temp[2]));
            students.set(index,s);
        }
        StudentBiz.setData ((String)jComboBox1.getSelectedItem(), students);
        System.exit(0);
    }
});
```

习　题　10

一、填空题

1. 在操作系统中，被称作轻量进程的是_____。

2. 多线程程序设计的含义是可以将一个程序任务分成几个_____任务。

3. 在 Java 程序中，run()方法的实现有两种方式：_____和_____。

4. 多个线程并发执行时，各个线程中语句的执行顺序是_____的，但是线程之间的相对执行顺序是_____的。

5. 一个进程可以包含多个_____。

二、单项选择题

1. 下列说法中错误的一项是（　　）。

A. 线程就是程序

B. 线程是一个程序的单个执行流

C. 多线程是指一个程序的多个执行流

D. 多线程用于实现并发

2. (　　)方法可以使线程从运行状态进入阻塞状态。

　　A. sleep()　　　　B. wait()　　　　C. yield()　　　　D. start()

3. 下列不是进程组成部分的一项是(　　)。

　　A. 代码　　　　　B. 数据　　　　　C. 内核状态　　　D. 显示器

4. 下列(　　)不属于 Java 线程模型的组成部分。

　　A. 虚拟的 CPU　　　　　　　　　B. 虚拟 CPU 执行的代码

　　C. 代码所操作的数据　　　　　　D. 执行流

5. 下列说法中正确的一项是(　　)。

　　A. 代码和数据是进程的组成部分　　B. 代码和数据是线程的组成部分

　　C. 进程是轻型的线程　　　　　　　D. 线程中包括线程

6. 下列有关线程的叙述中正确的一项是(　　)。

　　A. 一旦一个线程被创建,它就立即开始运行

　　B. 使用 start()方法可以使一个线程成为可运行的,但是它不一定立即开始运行

　　C. 当一个线程因为抢占机制而停止运行时,它被放在可运行队列的前面

　　D. 一个线程可能因为不同的原因而终止并进入终止状态

7. 以下不属于 Thread 类的线程优先级静态常量的是(　　)。

　　A. MIN_PRIORITY　　　　　　　　B. MAX_PRIORITY

　　C. NORM_PRIORITY　　　　　　　D. BEST_PRIORITY

8. (　　)关键字可以对对象加互斥锁。

　　A. synchronized　　B. transient　　C. serialize　　　D. static

9. 下列说法中,正确的一项是(　　)。

　　A. 单处理机的计算机上,2 个线程实际上不能并发执行

　　B. 单处理机的计算机上,2 个线程实际上能够并发执行

　　C. 一个线程可以包含多个进程

　　D. 一个进程可以包含多个线程

10. Thread 类的常量 NORM_PRIORITY 代表的优先级是(　　)。

　　A. 最低优先级　　　　　　　　　B. 普通优先级

　　C. 最高优先级　　　　　　　　　D. 不代表任何优先级

三、编程题

1. 设计两个线程:一个线程每隔 1 秒显示一次信息;另一个线程每隔 3 秒显示一次信息。

2. 设计两个线程,一个线程进行阶乘和的运算(1!+2!+3!+…+100!),每次计算时间随机间隔 1~10 毫秒;另一个线程每隔 10 毫秒时间读取并显示上个线程的运算结果和计算进程。

参 考 答 案

第 1 章

一、填空题
略

二、选择题
1. D 2. A 3. B 4. B 5. B 6. B 7. B 8. AB 9. ABC 10. CDE

三、阅读程序题
1. 22

2. temp 变量没有赋初值

四、编程题

```java
public class ArraySort{
  public static void main(String args[]){
    int array[]={20,10,50,40,30,70,60,80,90,100};
    int i,j,k,t;
    int l=array.length;
    for(i=0;i <l-1;i++)
    {
      k=i;
      for(j=i+1;j <l;j++)
      if(array[j] <array[k]) k=j;
      t=array[k];array[k]=array[i];array[i]=t;
    }
    for(i=0;i <l;i++)
    System.out.println("array["+i+"]="+array[i]);
  }
}
```

第 2 章

一、填空题
略

二、单项选择题
1. A 2. D 3. A 4. D 5. A 6. D 7. C 8. A 9. B 10. C

三、阅读程序题
1. Peter is 17 years old!

2. Student   String   this

四、编程题

1.

```java
public  class Rectangle{
    int length;
    int width;
    Rectangle(int len, int wid){
        length=len;
        width=wid;
    }

    public static int circumference(Rectangle r){
        int c=(r.length+r.width) * 2;
        return c;
    }
    public static int area(Rectangle r){
        int a=r.length * r.width;
        return a;
    }

    public static void main(String[] args){
        Rectangle r1=new Rectangle(3,4);
        System.out.println("The circumference is "+Rectangle.circumference(r1));
        System.out.println("The area is "+Rectangle.area(r1));
    }
}
```

2. 略

第 3 章

一、填空题

略

二、单项选择题

1. C 2. B 3. A 4. B 5. D 6. C 7. C 8. A

三、阅读程序题

1.

```
FatherClass Create
FatherClass Create
ChildClass Create
```

2.

```
parent
child
child
```

四、编程题

```java
public class CarDemo {
    public static void main(String[] args) {
        Car car1=new Car("BMW");
        Car car2=new Car("Benz");
        car1.drive();
        car2.drive();
    }
}

class Car {

    private String brand;

    public Car(String brand) {
        this.brand=brand;
    }

    public void drive() {
        System.out.println(this.brand+" is running. ");
    }

}

class SubCar {
    private int price;
    private int speed;

    public void speedChange(int newSpeed) {
        this.speed=newSpeed;
    }

}
```

第 4 章

一、填空题

略

二、简答题

略

三、阅读程序题

1. new   abstract   extends

2.

```java
interface Shape {
    final static double PI=3.14;
```

```java
    public double area();

    public double perimeter();
}

class Cycle implements Shape {
    private double r;

    public Cycle(double r) {
        this.r=r;
    }

    public double area() {
        double a=PI * r * r;
        return a;
    }

    public double perimeter() {
        //TODO Auto-generated method stub
        return 0;
    }
}

public class Test {
    public static void main(String args[]) {
        Cycle c=new Cycle(1.5);
        System.out.println("面积为: "+c.area());
    }
}
```

四、编程题

1.

```java
import java.util.*;

abstract class Shape {
    abstract void computeArea(float r);
}

class Square extends Shape {
    void computeArea(float length) {
        System.out.println("Area of square is "+length * length);
    }
}

class Circle extends Shape {
    void computeArea(float r2) {
        System.out.println("Area of circle is "+3.14 * r2 * r2);
    }
}
```

```
public class test {
    public static void main(String[] args) {
        Shape s1=new Square();
        Shape c1=new Circle();
        s1.computeArea(4);
        c1.computeArea(4);
    }
}
```

2.

```
import java.util.*;

abstract class Employee {
    abstract void showSalary(int s);
}

class Sales extends Employee {
    void showSalary(int s) {
        System.out.println("Salary of sales is "+s);
    }
}

class Manager extends Employee {
    void showSalary(int s) {
        System.out.println("Salary of manager is "+s);
    }
}

public class test {
    public static void main(String[] args) {
        Employee s1=new Sales();
        Employee m1=new Manager();
        s1.showSalary(6000);
        m1.showSalary(8000);
    }
}
```

第 5 章

一、填空题
略
二、单项选择题
1. B 2. C 3. B 4. B 5. B 6. A 7. A
三、阅读程序题
1. interface   abstract
2. final   ;

四、编程题

1.

```java
interface Vehicle {
    public abstract String start(boolean a);

    public abstract String stop(boolean b);
}

class Bike implements Vehicle {
    public String start(boolean a) {
        return a+"车启动了";
    }

    public String stop(boolean b) {
        return b+"车停止了";
    }

}

class Bus implements Vehicle {
    public String start(boolean a) {
        return a+"车启动了";
    }

    public String stop(boolean b) {
        return b+"车停止了";
    }
}

public class interfaceDemo {
    public static void main(String args[]) {
        Bike m=new Bike();
        System.out.println("Bike\n"+m.start(false)+"\n"+
                m.stop(true));

        Bus n=new Bus();
        System.out
                .println("Bus\n"+n.start(true)+"\n"+n.stop(false));
    }
}
```

2.

```java
public class TestInterface {
    public static void main(String[] args) {

        IShape rect=new Rect(2, 4);        //矩形
        System.out.println(rect.area());//矩形面积
    }
```

```
    }

interface IShape {
    double area();
}

class Rect implements IShape {
    private double width;
    private double height;

    public Rect(double width, double height) {
        this.width=width;
        this.height=height;
    }
    public double area() {
        return this.width * this.height;
    }
}
```

第6章

一、填空题

略

二、单项选择题

1. A   2. D   3. C   4. C   5. A   6. B

三、简答题

略

四、编程题

1.

```
import java.util.*;
class test {
    public static void main(String args[]) {
        try {
            if (args.length <5)
                throw new Exception();
            int intarray[]=new int[args.length];
            for (int i=0; i <args.length; i++)
                intarray[i]=Integer.parseInt(args[i]);
            for (int i=0; i <intarray.length; i++)
                System.out.print(intarray[i]+" ");
        } catch (NumberFormatException e) {
            System.out.println("请输入整数");
        } catch (Exception e) {
            System.out.println("请输入至少 5 个整数");
        }
    }
```

```java
        }
    }

2.

import java.util.*;
class test {
    void triangle (int a, int b, int c) throws IllegalArgumentException {
        if (a+b >=c && a+c >=b && b+c >=a)
            System.out.println("三角形的三个边长为: "+a+" "+b+" "+c);
        else
            throw new IllegalArgumentException ();
    }

    public static void main (String args []) {
        int intarray []=new int [args.length];
        for (int i=0; i <args.length; i++)
            intarray[i]=Integer.parseInt (args[i]);
        test t=new test ();

        try {
            t. triangle (intarray[0], intarray[1], intarray[2]);
        } catch (IllegalArgumentException e) {
            System.out.println (e.getClass ().getName ()+" "+ intarray[0]+" "+
                                intarray[1]+" "+intarray[2]+"不能构成三角形");
        }
    }
}
```

第7章

一、填空题

略

二、单项选择题

1. D　2. D　3. A　4. B　5. A　6. A　7. C　8. A

三、阅读程序题

1. 复制文件 a1. txt 到文件 a2. txt

2. 在屏幕上输出 test. txt 文件的内容

四、编程题

1.

```java
import java.io.*;
import java.util.*;

public class FileStreamTest {

    public static void main (String args []) {
```

```java
        File f=new File("my.txt");
        if (f.exists()) {
            System.out.println("Absolute path: "+f.getAbsolutePath()
                    +"\n Can read: "+f.canRead()+"\n Can write: "
                    +f.canWrite()+"\n getName: "+f.getName()
                    +"\n getParent: "+f.getParent()+"\n getPath: "
                    +f.getPath()+"\n length: "+f.length()
                    +"\n lastModified: "+new Date(f.lastModified()));
        }


    }
}
```

2.

```java
import java.io.*;
import java.util.*;

public class FileStreamTest {

    public static void main(String args[]) {
        File f=new File("D:\\");
        File fs[]=f.listFiles();
        for (int i=0; i<fs.length; i++) {
            if (fs[i].isFile())
                System.out.println(fs[i].getName());
            else
                System.out.println(" <DIR>"+fs[i].getName());
        }


    }
}
```

3.

```java
import java.io.BufferedWriter;
import java.io.File;
import java.io.FileReader;
import java.io.FileWriter;
import java.io.IOException;

public class FileStreamTest {

    public static void main(String[] args) throws IOException { /
        char[] cBuffer=new char[255];
        int b=0;

        File f1=new File("D://", "input.txt");
        File f2=new File("D://", "output.txt");
        if (!f1.exists())
```

```
            f1.createNewFile();
        if (!f2.exists())
            f2.createNewFile();
        FileReader in=new FileReader(f1);
        FileWriter out=new FileWriter(f2);
        while ((b=in.read(cBuffer, 0, 255)) !=-1) {
            String str=new String(cBuffer, 0, 225);
            out.write(str);
        }
        in.close();
        out.close();
    }
}
```

第 8 章

一、单项选择题

1. B 2. C 3. B 4. C

二、简答题

略

三、阅读程序题

1. abs_class_length_size_

2. Hello Learn

四、编程题

1.

```
import java.util.*;
public class test {
    public static void main(String[] args) {
        Scanner input=new Scanner(System.in);
        System.out.print("请输入 10 个数字: ");
        LinkedList linklist=new LinkedList();
        for (int i=1; i <=10; i++) {
            linklist.add(input.nextInt());
        }
        Iterator it=linklist.descendingIterator();
        System.out.print("您的 10 个数字为: ");
        while (it.hasNext()) {
            System.out.print(it.next()+" ");
        }
    }
}
```

2.

```
import java.util.*;
public class TestWorker {
```

```java
    public static void main(String args[]) {
        Scanner input=new Scanner(System.in);
        List list=new ArrayList();
        for (int i=1; i < 5; i++) {
            Map m=new HashMap();
            m.put("name:", input.next());
            m.put("score", input.nextInt());
            list.add(m);
        }
        System.out.println("初始值:"+list);
        Collections.sort(list, new Comparator() {
            public int compare(Object o1, Object o2) {
                HashMap m1= (HashMap) o1;
                HashMap m2= (HashMap) o2;
                if ((Integer) m1.get("score") > (Integer) m2.get("score")) {
                    return -1;
                } else if ((Integer) m1.get("score") < (Integer) m2
                        .get("score")) {
                    return 1;
                } else {
                    return 0;
                }
            }
        });
        System.out.println("排序后:"+list.get(0)+list.get(1)+list.get(2));
    }

}
```

第 9 章

一、填空题

略

二、单项选择题

1. B　2. B　3. A　4. D　5. C　6. B　7. A　8. C　9. B　10. A　11. D　12. C
13. B　14. B

三、编程题

1.

```java
import java.awt.BorderLayout;
import javax.swing.JFrame;
import javax.swing.JScrollPane;
import javax.swing.JTable;
import javax.swing.table.TableColumn;

public class JTableTest {
    public static void main(String[] args) {
```

```java
            Object[][] datas={
                { "张玲", new Integer(19), "女"},
                { "李芳", new Integer(20), "女"},
                { "周青", new Integer(20), "男" },
                { "秦朗", new Integer(21), "男"},
                { "孙俊", new Integer(20), "男" },
            };
            String[] titles={ "姓名", "年龄", "性别" };
            JTable table=new JTable(datas, titles);
            //设置列宽
            TableColumn column=null;
            for (int i=0; i < 3; i++) {
                column=table.getColumnModel().getColumn(i);
                if ((i % 2) ==0){    column.setPreferredWidth(150);
                }else{    column.setPreferredWidth(50);    }
            }
            JScrollPane scrollPane=new JScrollPane(table);
            JFrame f=new JFrame();
            f.setDefaultCloseOperation(JFrame.EXIT_ON_CLOSE);
            f.getContentPane().add(scrollPane, BorderLayout.CENTER);
            f.setTitle("练习 1");
            f.setBounds(200, 200, 500, 200);
            f.setVisible(true);
        }
    }
```

2.

```java
import java.awt.event.WindowAdapter;
import java.awt.event.WindowEvent;
import javax.swing.*;
public class StuMenu extends JFrame {
    private static final long serialVersionUID=1L;
    JMenuBar stuBar=new JMenuBar();                          //定义菜单栏对象
    JMenu mess=new JMenu("学生信息管理");                    //定义学生信息管理菜单对象
    JMenuItem addMess=new JMenuItem("添加个人信息"); //定义菜单项对象
    JMenuItem editMess=new JMenuItem("修改个人信息");
    JMenuItem checkMess=new JMenuItem("查看个人信息");
    JMenuItem delMess=new JMenuItem("删除个人信息");
    JMenu prtMess=new JMenu("打印处理");                     //定义打印处理菜单对象
    JMenuItem prt_all=new JMenuItem("打印所有信息"); //定义菜单项对象

    JMenuItem prt_part=new JMenuItem("打印指定信息");
    JMenuItem prt_one=new JMenuItem("打印指定学生的信息");
    JMenu help=new JMenu("帮助");                            //定义帮助菜单对象
    JMenuItem info=new JMenuItem("关于帮助");               //定义菜单项对象
    JMenuItem subject=new JMenuItem("帮助主题");
    JMenu exit=new JMenu("退出");                            //定义退出菜单对象

    public StuMenu()                                         //构造方法
```

```
    {
        this.setTitle("学生信息管理");                    //设置框架窗体标题
        mess.add(addMess);
        mess.add(editMess);
        mess.addSeparator();                           //添加分割条
        mess.add(checkMess);
        mess.add(delMess);
        prtMess.add(prt_all);
        prtMess.addSeparator();
        prtMess.add(prt_part);
        prtMess.addSeparator();
        prtMess.add(prt_one);
        help.add(info);
        help.add(subject);
        stuBar.add(mess);
        stuBar.add(prtMess);
        stuBar.add(help);
        stuBar.add(exit);
        this.setJMenuBar(stuBar);                      //将菜单栏加入框架窗口
        this.setSize(300, 200);
        this.setVisible(true);
        this.setDefaultCloseOperation(3);
    }

    public static void main(String args[]) {
        JFrame f=new StuMenu();
        f.setBounds(300, 300, 350, 100);
        f.setVisible(true);
        f.setDefaultCloseOperation(WindowConstants.DISPOSE_ON_CLOSE);
        f.addWindowListener(new WindowAdapter() {
            public void windowClosed(WindowEvent e) {
                System.exit(0);
            }
        });
    }
}
```

第 10 章

一、填空题

略

二、单项选择题

1. A　2. A　3. D　4. D　5. A　6. B　7. D　8. A　9. A　10. B

三、编程题

1.

```
import java.io.*;
public class Time {
```

```java
    static firstThr first;
    static secondThr second;

    public static void main(String args[]) {
        first=new firstThr();
        second=new secondThr();
        second.start();
    }
}


class firstThr extends Thread {
    public void run() {
        for (;;) {
            System.out.println("每 1 秒显示一次!");
            try {
                sleep(1000);
            } catch (InterruptedException e) {
            }
        }
    }
}


class secondThr extends Thread {
    public void run() {
        for (;;) {
            System.out.println("每 3 秒显示一次!");
            try {
                sleep(3000);
            } catch (InterruptedException e) {
            }
        }
    }
}
```

2.

```java
import java.io.*;
public class jiecheng {
    public static void main(String[] args) {
        MyThread mt=new MyThread();
        new Thread(mt).start();
        while (mt.i <=100) {
            try {
                Thread.sleep(10);
            } catch (InterruptedException ex) {
            }
            System.out.println(mt.sum);
        }
    }
}
```

```java
class MyThread implements Runnable {

    double sum=0;
    int i;

    public void run() {
        double factorial=1;
        for (i=1; i <=100; i++) {
            factorial *=i;
            sum +=factorial;
            int b=(int) (Math.random() * 10);
            try {
                Thread.sleep(b);
            } catch (InterruptedException ex) {
            }
        }
    }
}
```

参 考 文 献

[1] 张孝祥,徐明华. Java 基础与案例开发详解[M]. 北京：清华大学出版社,2011.

[2] 北京青鸟技术有限公司. 使用 Java 实现面向对象编程[M]. 北京：科学技术文献出版社,2011.

[3] 刘晓英,曾庆斌. Java 编程入门[M]. 北京：清华大学出版社,2014.